Inhaltsverzeichnis

Wiederholung

1 Was passt zusammen? Verbinde.

1 km	1 cm	1 m	1 mm

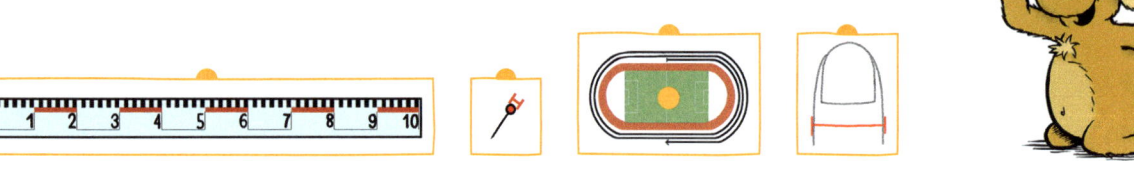

Tipp: Schau auf Seite 56 nach.

---

2 Miss mit dem Lineal. Schreibe in Zentimeter und Millimeter. Rechne dann in Millimeter um.

Lege das Lineal genau bei 0 an.

_2 cm 1 mm = 21 mm_

_____

_____

---

3 Zeichne mit einem spitzen Bleistift. Dein Partner kontrolliert.

a) 4 cm 5 mm   c) 28 mm   e) 10 cm 3 mm

b) 5 cm 1 mm   d) 70 mm   f) 6 cm 8 mm

kontrolliert von: _____

4

1 m 35 cm		10 m		
135 cm	299 cm			50 cm
1,35 m			1,99 m	

---

5 Ergänze zu einem Meter oder zu einem Kilometer.

a) 56 cm + _____ = 1 m   b) 0,70 m + _____ = 1 m   c) 250 m + _____ = 1 km

23 cm + _____ = 1 m   0,35 m + _____ = 1 m   349 m + _____ = 1 km

45 cm + _____ = 1 m   0,58 m + _____ = 1 m   621 m + _____ = 1 km

0,30 m   0,42 m   44 cm   55 cm   0,65 m   77 cm   379 m   489 m   651 m   750 m

---

6 Ordne der Länge nach.

a)

11 mm	1 cm	101 cm	1 m	10 km	1 001 m

_1 cm_ < _____ < _____ < _____ < _____ < _____

b)

505 cm	500 m	5 cm 5 mm	555 m	5 km	5 005 m

_____ < _____ < _____ < _____ < _____ < _____

Stützpunktwissen wiederholen.
Längen messen, zeichnen,
umrechnen und ordnen.

Ich lege das Lineal genau bei 0 an.
Beim Ordnen achte ich auf die
Einheit und rechne um.

Wiederholung

1 Was passt zusammen? Verbinde.

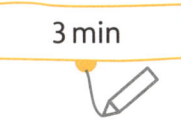 3 min   1 s   45 min   2 h

einmal niesen

Zähneputzen

eine Fahrradtour

eine Unterrichtsstunde

2

8.15 Uhr   _____ Uhr   _____   _____   _____

20.15 Uhr   _____ Uhr   _____   _____   _____

3

16.18 Uhr   9.42 Uhr   12.03 Uhr   7.57 Uhr   18.26 Uhr

4 a) 64 s = __1 min 4 s__   b) 1 h 15 min = _____ min   c) 78 min = ___ h ___ min

     72 s = _____   3 h 23 min = _____   90 min = _____

     95 s = _____   5 h 45 min = _____   125 min = _____

🔑 1 min 4 s   1 min 12 s   1 min 35 s   75 min   1 h 18 min   1 h 20 min   1 h 30 min   2 h 5 min   203 min   345 min

5 a) 14.16 Uhr   1 h 36 min → _____ Uhr   b) _____   4 h 5 min → 16.48 Uhr

      9.31 Uhr   5 h 26 min → _____   _____   7 h 19 min → 23.54 Uhr

      21.45 Uhr   6 h 3 min → _____   _____   2 h 56 min → 8.57 Uhr

      11.06 Uhr   4 h 55 min → _____   _____   6 h 30 min → 14.33 Uhr

Stützpunktwissen wiederholen. Uhrzeiten ablesen und eintragen.
Stunden, Minuten und Sekunden umrechnen.
Zeitspannen wiederholen.

Jetzt ist es 16.48 Uhr. Ich rechne
zuerst … h und dann … min zurück.
Vor 4 h und 5 min war es … Uhr.

Wiederholung

1 Was passt zusammen? Verbinde.

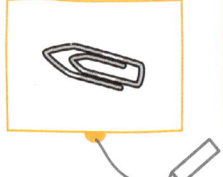     

| 10 kg | 1 g | 1 kg | 100 g | 1 t | 8 g |

2 <, > oder = ?

a) 340 g ◯ 34 kg   b) 778 kg ◯ 778 g   c) 223 g ◯ 332 g

199 g ◯ 1 kg $\frac{1}{2}$ kg ◯ 500 g   250 g ◯ $\frac{1}{4}$ kg

63 g ◯ 63 kg   1 kg ◯ 1 000 g   369 g ◯ 367 g

750 g ◯ $\frac{3}{4}$ kg   680 kg ◯ 980 kg $\frac{1}{2}$ kg ◯ 600 g

> Schau auch auf Seite 56 nach.

$\frac{1}{4}$ kg = 250 g
$\frac{1}{2}$ kg = 500 g
$\frac{3}{4}$ kg = 750 g

3 Ordne dem Gewicht nach.

a)

| 2022 g | 200 kg | 202 g | 2 kg | 20 kg | $\frac{1}{2}$ kg |

___ < ___ < ___ < ___ < ___ < ___

b)

| 15 kg | 51 t | 510 kg | 15 t | 150 kg | 51 kg |

___ < ___ < ___ < ___ < ___ < ___

4 a) 378 g + _____ = 1000 g   b) 725 g + _____ = 1 kg   c) _____ + 161 kg = 1 t

450 g + _____ = 1000 g   356 g + _____ = 1 kg   _____ + 487 kg = 1 t

624 g + _____ = 1000 g $\frac{1}{4}$ kg + _____ = 1 kg   _____ + 699 kg = 1 t

🔑 275 g   376 g   550 g   622 g   644 g   750 g   201 kg   301 kg   513 kg   839 kg

5 Richtig ☑ oder falsch [f] ?

☐ Eine Tafel Schokolade wiegt meistens 100 g.

☐ Eine Schultasche wiegt ungefähr 30 kg.

☐ Ein Gummibärchen wiegt ungefähr 2 g.

☐ Ein LKW wiegt ungefähr 2 000 g.

☐ Ein Päckchen Vanillezucker wiegt 8 kg.

☐ Ein Paket Mehl wiegt meistens 1 kg.

☐ Dieses MiniMax-Heft wiegt etwa 130 g.

☐ Ein Motorrad wiegt ungefähr 200 kg.

Stützpunktwissen wiederholen. Gewichte vergleichen und ordnen.
Zu einem Kilogramm und einer Tonne ergänzen.
MK Informationsbewertung 5

Ich weiß, dass ein Päckchen Mehl ungefähr 1 kg wiegt.
Ich achte beim Ordnen auf die Einheiten.

Wiederholung

Ich habe das beste Auto in diesem Spiel.

Baujahr	2021
Leistung (in PS)	770
Preis (in Euro)	225 500
Höchstgeschwindigkeit	

1 Dieser Sportwagen hat ___770___ PS. In nur 2,8 _____ beschleunigt der Wagen von 0 auf 100 km/h. Mit einer Höchstgeschwindigkeit von _____ km/h ist das Auto ungefähr so schnell wie der Hochgeschwindigkeitszug ICE. Wenn der Wagen bei einer Geschwindigkeit von 100 km/h voll bremst, benötigt er 30 _____ für den Bremsweg. Der Wagen hat eine Länge von _____ cm und eine Höhe von _____ cm. Das Leergewicht beträgt 1 575 _____.

Fülle den Lückentext sinnvoll aus.

1 130		~~770~~		4 797		350	
	m		kg		min		s

2 Kreuze alle richtigen Aussagen an.

☐ Der Sportwagen wurde 2021 gebaut.

☐ Der Sportwagen ist kürzer als dein Fahrrad.

☐ Der Sportwagen ist ungefähr so schnell wie ein Hochgeschwindigkeitszug.

☐ Der Sportwagen kostet mehr als 300 000 €.

☐ Der Sportwagen wiegt mehr als 1 t.

3 Mini und Max kaufen Modellautos.

Mini kauft:

Max kauft:

19,99 €	17,98 €		14,95 €	29,95 €

a) Wer bezahlt mehr? Überschlage.

b) Wie viel bezahlt Mini? Wie viel bezahlt Max?

Schreibe stellengerecht untereinander. Rechne schriftlich.

c) Welche Modellautos würdest du kaufen? Schreibe stellengerecht untereinander.

Lückentext sinnvoll/realistisch ausfüllen. Sachaufgaben lösen.
✿ Wie hast du den Lückentext sinnvoll ausgefüllt?
Informationsbewertung 2

 In diese Lücke gehört eine Zahl. Wenn es um das Gewicht geht, dann kommt nur ... in Frage.

5

Längen

Zentimeter und Millimeter

14 cm 3 mm

Das sind 14,3 cm.

10 cm	1 cm	1 mm
1	4	3

! Das Komma trennt Zentimeter und Millimeter.
14 cm 3 mm = 143 mm = 14,3 cm

1 a) Die Kinder der Klasse 4a haben die Breite ihrer Hefte und Bücher gemessen.
Trage die Messergebnisse in die Stellenwerttafel ein und schreibe mit Komma.

	10 cm	1 cm	1 mm	
Lesebuch: 17 cm 2 mm				17,2 cm
Sprachbuch: 21 cm 6 mm				
Musikheft: 9 cm 8 mm				
Schreibheft: 14 cm 6 mm				
Matheheft: 15 cm 1 mm				

b) Miss 5 Bücher oder Hefte aus deiner Schultasche und notiere wie bei a).

2 Zeichne eine Stellenwerttafel und trage ein. Schreibe dann in cm und mm.

S.	6,	N	r.	2		
1	0	c	m	1	c	m	1	m	m
						c	m		m	m

a) 6,9 cm
0,7 cm
8,0 cm

b) 53,2 cm
10,4 cm
32,6 cm

c) 60,4 cm
0,3 cm
20,8 cm

3

4 cm 1 mm			10 cm 9 mm	
41 mm		12 mm		230 mm
4,1 cm	24,8 cm			

4 a) Schreibe in cm.

43 cm 6 mm = _43,6 cm_

5 mm = _____

10 cm 2 mm = _____

b) Schreibe in mm.

45,7 cm = _____ mm

78,4 cm = _____

6,8 cm = _____

c) Schreibe in cm.

682 mm = _____ cm

321 mm = _____

1 mm = _____

🔑 0,1 cm   0,5 cm   68 mm   6,82 cm   10,2 cm   32,1 cm   ~~43,6 cm~~   457 mm   68,2 cm   784 mm

Kommaschreibweise bei Längen kennenlernen.
Längenangaben lesen, notieren und umrechnen.

Ich weiß: 1 cm sind 10 mm.
Also sind 17 cm und 2 mm gleich 172 mm
oder 17,2 cm.

Längen

Zentimeter und Millimeter

1 <, > oder = ?

a) 3,4 cm 〇 4 cm 3 mm

9,3 cm 〇 90 cm 3 mm

5,0 cm 〇 5 cm 10 mm

b) 11 mm 〇 1,1 cm

67 mm 〇 60,7 cm

45 cm 〇 45 mm

c) 20 mm 〇 2,0 cm

5 mm 〇 50 cm

8 mm 〇 0,8 cm

2 Ordne der Länge nach.

a)

| 4 cm 5 mm | 40 mm | 5,4 cm | 40,2 cm | 5 cm 3 mm |

_____ < _____ < _____ < _____ < _____

b)

| 7 cm 5 mm | 70,5 cm | 57 mm | 75,0 cm | 50,7 cm |

_____ < _____ < _____ < _____ < _____

3 a) Miss mit dem Lineal. Schreibe in Zentimeter und Millimeter. Schreibe dann mit Komma.

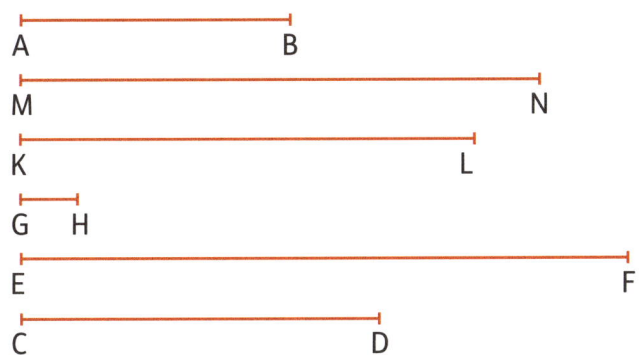

$\overline{AB}$ = _____ 3 cm 7 mm = 3,7 cm _____

$\overline{MN}$ = _____

$\overline{KL}$ = _____

$\overline{GH}$ = _____

$\overline{EF}$ = _____

$\overline{CD}$ = _____

b) Zeichne die Strecken mit einem spitzen Bleistift.

$\overline{OP}$ = 5,4 cm $\overline{QR}$ = 1,9 cm $\overline{ST}$ = 3 cm 6 mm $\overline{UV}$ = 0,8 cm $\overline{WZ}$ = 72 mm

4 Ergänze zu einem Meter.

a) 34 cm 7 mm + __ = 1 m

6 cm 2 mm + __ = 1 m

67 cm 4 mm + __ = 1 m

b) 45,8 cm + __ = 1 m

10,5 cm + __ = 1 m

0,3 cm + __ = 1 m

c) 10 mm + __ = 1 m

109 mm + __ = 1 m

919 mm + __ = 1 m

5 a) 3,4 cm + 4,2 cm

4,8 cm + 3,9 cm

12,6 cm + 2,7 cm

b) 4,7 cm + 15 mm

23,7 cm + 8 mm

56,3 cm + 294 mm

c) 6,8 cm − 4,2 cm

35,8 cm − 2,7 cm

51,6 cm − 5,8 cm

d) 6,3 cm − 12 mm

12,7 cm − 127 mm

56,1 cm − 9 mm

> Achte darauf, dass du in der gleichen Einheit rechnest.

Längenangaben vergleichen und ordnen.
Strecken messen und zeichnen.
Längenangaben addieren und subtrahieren.

Ich addiere oder subtrahiere Kommazahlen, indem ich zuerst in die nächst kleinere Einheit umrechne.

Längen

Kilometer und Meter

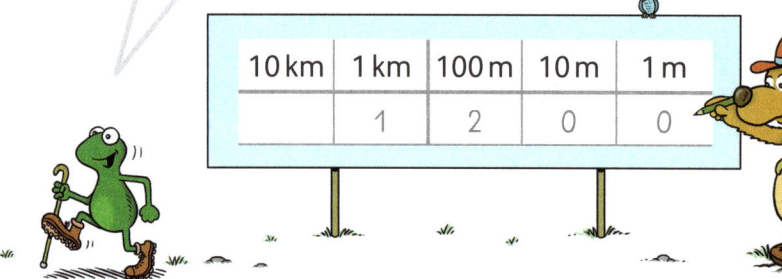

Ich wandere heute zur Bergspitze: 1 km 200 m.

! Das Komma trennt Kilometer und Meter.
1 km 200 m = 1 200 m = 1,200 km
1,200 km = 1,2 km

10 km	1 km	100 m	10 m	1 m
	1	2	0	0

Das sind 1,2~~00~~ km. Die Endnullen kannst du auch weglassen.

---

1 Die Kinder sind in den Ferien gewandert. Trage die Längen der Wanderstrecken in die Stellenwerttafel ein. Ergänze fehlende Angaben. Runde dann auf volle Kilometer.

	10 km	1 km	100 m	10 m	1 m		
5 km 100 m						_5,1 km_	≈ 5 km
10 km 750 m							
20 km 234 m							
_____						15,056 km	
_____						0,9 km	

2

1 km 507 m	2 km 10 m				10 km 250 m
1 507 m				5 000 m	
1,507 km		3,7 km			

---

3 a) Schreibe in km.

3 km 600 m = _3,6 km_

32 km 450 m = _____

921 m = _____

b) Schreibe in m.

2 km 300 m = _____ m

20 km 650 m = _____

4 km 50 m = _____

c) Schreibe in m.

4 km = _____ m

0,4 km = _____

0,04 km = _____

---

4 <, > oder = ?

a) 0,6 km ◯ 1 km 600 m

1 200 m ◯ 12 km 300 m

b) 0,5 km ◯ 50 m

3,045 km ◯ 345 m

c) 20 000 m ◯ 20 km

1 km 4 m ◯ 10,4 km

---

5 Ergänze zum nächsten Kilometer.

a) 3 km 400 m

6 km 80 m

b) 23,89 km

35,02 km

c) 8 200 m

6 003 m

Kommaschreibweise bei Kilometern kennenlernen.
Längenangaben lesen, notieren, umrechnen, runden und vergleichen.
Zum nächsten Kilometer ergänzen.

Ich weiß: 1 km sind 1 000 m.
Also sind 5 km und 100 m gleich 5 100 m oder 5,1 km.

Längen

Sachrechnen

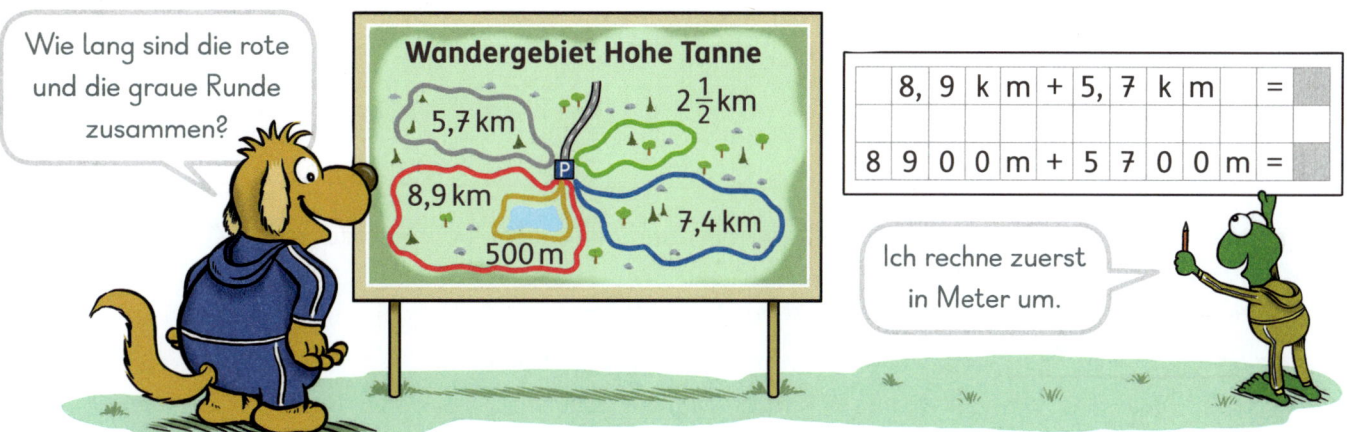

1. a) Ordne die Wanderwege der Länge nach.

_____ < _____ < _____ < _____ < _____

b) Wie groß ist die Differenz zwischen dem kürzesten und dem längsten Wanderweg?

2. Notiere zu jeder Sprechblase eine Frage, deinen Lösungsweg und die Antwort.

a)  Ich hüpfe den roten und den orangefarbenen Weg.

b) Ich laufe den grauen und den blauen Weg.

c) Ich fahre 3-mal den roten Weg mit dem Rad.

d) Ich jogge 4-mal die grüne Runde.

3. Mini möchte heute mindestens 10 km joggen, aber nicht mehr als 15 km. Er möchte jeden Weg nur einmal laufen.

a) Welche Wege kann er kombinieren? Finde 2 Möglichkeiten.

b) Finde alle Möglichkeiten.

Ich habe 6 Möglichkeiten gefunden.

4. Max wandert den roten Weg. Auf einer Bank vergisst er sein Handy. Als er es bemerkt, ist er schon 1 900 m von der Bank entfernt. Max läuft zurück, um es zu holen.

Wie viele Kilometer ist Max am Ende seiner Wanderung gelaufen?

5. Mini und Max wandern in einer Stunde ungefähr 4 km.

Sie sind heute einen Weg in $2\frac{1}{4}$ Stunden ohne Pause gewandert.

Notiere eine Frage, deinen Lösungsweg und die Antwort.

17

Sachaufgaben zu Kilometern lösen.
❀ Wie stellst du den zurückgelegten Weg in einer Skizze dar?
Informationsauswertung 1 3

Wenn Max 4 km in einer Stunde zurücklegt, dann wandert er in 2 Stunden …

9

Längen

1

2 cm 7 mm				7 cm 6 mm
27 mm	50 mm			
2,7 cm		0,2 cm	3,8 cm	

2 Miss mit dem Lineal. Schreibe in Zentimeter und Millimeter. Schreibe dann mit Komma.

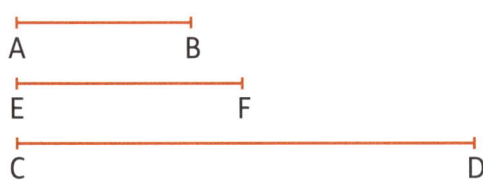

$\overline{AB}$ = _____

$\overline{EF}$ = _____

$\overline{CD}$ = _____

3
a) 4,7 cm + 1,2 cm

7,8 cm + 2 mm

6,6 cm + 1,3 cm

b) 3,4 cm − 1,3 cm

5,6 cm − 4 mm

4,9 cm − 2,5 cm

c) 6,9 cm + 0,4 cm

7,1 cm − 0,8 cm

5,7 cm + 2,7 cm

🔑 2,1 cm   2,4 cm   5,2 cm   5,9 cm   6,3 cm   7,3 cm   7,5 cm   7,9 cm   8 cm   8,4 cm

4

10 km 305 m			31 km 31 m	
10 305 m		5 045 m		
10,305 km	90,009 km			0,006 km

5 Ergänze zum nächsten Kilometer.

a) 7 km 400 m

16 km 500 m

b) 31,89 km

5,02 km

c) 56,417 km

89,002 km

d) 6 248 m

22 801 m

🔑 0,11 km   199 m   500 m   0,583 km   600 m   752 m   0,84 km   0,98 km   0,998 km

6 Familie Wilms möchte heute 14,6 km wandern. Nach 7,9 km machen sie Mittagspause.

Wie viele Kilometer müssen sie nach der Mittagspause noch wandern?

7

Stechen mit Längen:

Karten mit unterschiedlichen Längen-angaben beschriften. 2 Stapel bilden.

Jeweils die oberste Karte aufdecken.

Die kürzere Länge gewinnt. Der Gewinner bekommt beide Karten.

Gespielt mit: _____

Längen umrechnen. Strecken messen. Mit Längenangaben rechnen.
Zum nächsten Kilometer ergänzen.
Sachaufgabe lösen. Längen vergleichen.

Längen

1 a) Lies die Beschreibung der Autoroute von Frankfurt am Main (Zentrum) nach Berlin (Messe):

	Richtung	km weiter	km gesamt
	Auf die Eckenheimer Landstraße nach Norden zur A661	5,3	5,3
↰	Auffahrt links auf die A661 Richtung Bad Homburg	6,0	11,3
↱	Am Kreuz Bad Homburg auf die A5 Richtung Kassel	109,2	120,5
	Am Hattenbacher Dreieck auf die A7 Richtung Hamburg		296,1
↱	Am Dreieck Salzgitter rechts auf die A39	50,2	346,3
↱	Am Kreuz Wolfsburg auf die A2 Richtung Berlin	156,1	502,4
↑ ↱	Am Dreieck Werder auf die A10; dann rechts auf die A115 Richtung Berlin-Zentrum	45,9	
↱	Am Dreieck Funkturm auf die A100 bis Ausfahrt Messedamm; Ihr Ziel liegt auf der linken Seite	2,7	

b) Rechne die fehlenden Kilometerangaben in der Tabelle aus und trage sie ein.

c) Markiere die kürzeste Teilstrecke im Routenplaner grün.

d) Markiere die längste Teilstrecke im Routenplaner gelb.

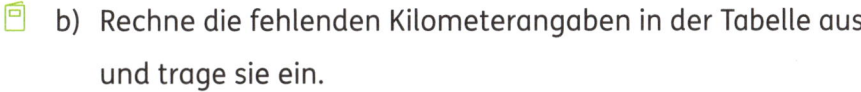

e) Wie weit ist die Strecke von Frankfurt am Main nach Berlin? _____

f) Vergleiche diese Autoroute mit dem Routenplaner im Internet.

2 Am Hattenbacher Dreieck zeigt die Tankanzeige des Autos noch für 410 km Benzin an.

Reicht das Benzin noch bis Berlin?

Lösungsweg:

Antwort: _____

_____ .

3 Die Strecke von Düsseldorf (Flughafen) bis Köln (Zentrum) beträgt 60 km.

Herr Müller fährt mit seinem Auto vom Flughafen Düsseldorf in Richtung Köln (Zentrum).
Er schafft 120 km in der Stunde. Herr Fehr fährt mit seinem Lastwagen von Köln (Zentrum) in
Richtung Düsseldorf (Flughafen) zur gleichen Zeit los. Er schafft 60 km in der Stunde.

Nach wie vielen Minuten Fahrzeit begegnen sich beide?

Informationen einer Tabelle entnehmen.
Sachaufgaben mit Kilometern lösen.
MK Informationsrecherche 1

11

Gewichte
Kilogramm und Gramm

Das sind 13,07~~0~~ kg. Die Endnull kannst du auch weglassen.

10 kg	1 kg	100 g	10 g	1 g
1	3	0	7	0

Du wiegst 13 kg 70 g.

das Kilogramm   kg
das Gramm   g
ein viertel Kilogramm $\frac{1}{4}$ kg
ein halbes Kilogramm $\frac{1}{2}$ kg
drei viertel Kilogramm $\frac{3}{4}$ kg

! Das Komma trennt Kilogramm und Gramm.
13 kg 70 g = 13 070 g = 13,070 kg
13,070 kg = 13,07 kg

1 Trage die Gewichtsangaben in die Stellenwerttafel ein und schreibe mit Komma.

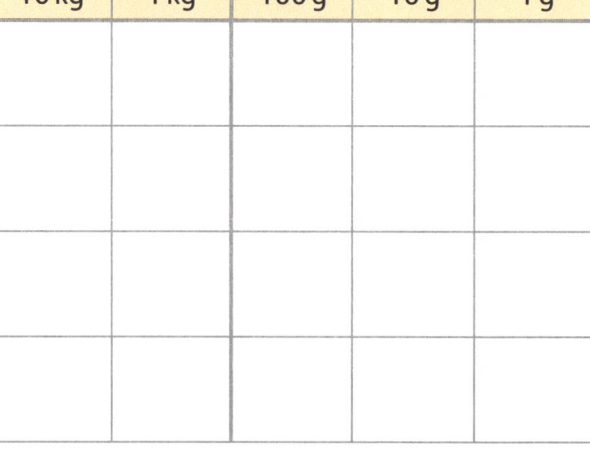

	10 kg	1 kg	100 g	10 g	1 g	
780 g						0,78 kg

2

1 kg 450 g				10 kg 299 g
1 450 g		3 050 g		
1,45 kg	3,9 kg			4,074 kg

3

a) Schreibe in kg.

3 kg 500 g = __3,5 kg__

16 kg 60 g = _____

45 kg 466 g = _____

$\frac{3}{4}$ kg = _____

b) Schreibe in kg.

1 700 g = _____ kg

6 378 g = _____

1 050 g = _____

500 g = _____

c) Schreibe in g.

1,225 kg = _____ g

$2\frac{1}{2}$ kg = _____

4,09 kg = _____

$3\frac{1}{4}$ kg = _____

$\frac{1}{2}$ kg sind 500 g. Also sind $2\frac{1}{2}$ kg gleich _____ g.

4 <, > oder = ?

a) 1 kg 600 g ◯ 0,6 kg

$4\frac{1}{2}$ kg ◯ 4 500 g

5,5 kg ◯ 5 kg 50 g

b) 1 200 g ◯ 12 kg

3,4 kg ◯ $3\frac{1}{4}$ kg

$\frac{1}{4}$ kg ◯ 250 g

c) 1 kg 700 g ◯ 10,7 kg

7 kg 50 g ◯ $\frac{3}{4}$ kg

10 kg 100 g ◯ 10,1 kg

Kommaschreibweise bei Gewichten kennenlernen.
Gewichtsangaben notieren, umrechnen, vergleichen.
Was bedeutet $2\frac{1}{2}$ kg?

Ich weiß: 1 kg sind 1 000 g und $\frac{1}{2}$ kg sind 500 g. Also sind $2\frac{1}{2}$ kg gleich 2 500 g oder 2,5 kg.

Gewichte

Sachrechnen

1 Hier ist Tinas Packliste für ihre Fahrradtour an den Strand.

Darf sie alle Sachen in den Anhänger laden?

Lösungsweg:

		3	0	9	0	g					
	+										
	+										
	+										

Packliste
Getränke: 3,09 kg
Picknickkorb: $4\frac{1}{2}$ kg
Surfausrüstung: 10 kg 600 g
Decke: 1005 g

Antwort: _____

2 Ali hat für eine Fahrradtour an den Badesee gepackt.

Darf Alis Hund auch noch im Anhänger sitzen?

10,25 kg

Packliste
Getränke: 6,8 kg
Picknickkorb: 5 kg 600 g
Badesachen: 1,975 kg
Decke: 1005 g

3 Herr Lange möchte so viele Flaschen Mineralwasser wie

möglich in dem Fahrradanhänger transportieren.

Eine große Flasche Mineralwasser wiegt 1,53 kg.

Wie viele Flaschen darf er in den Anhänger laden?

Lege eine Tabelle an.

4 Herr und Frau Lange planen eine große Fahrradtour.

Sie haben 2 Fahrradanhänger.

Sie wollen das Gewicht des Gepäcks ungefähr gleich verteilen.

Welche Gepäckstücke nimmt Frau Lange mit?

bearbeitet mit: _____

Packliste
Kleidung: 14,8 kg
Waschbeutel: 6,04 kg
Reiseführer: 320 g und 0,46 kg
Zelt: 4050 g
Schlafsäcke: 2-mal $1\frac{3}{4}$ kg
Kochausrüstung: 3,78 kg
Schuhe: 5 kg 200 g
Fotoausrüstung: 2700 g

Sachaufgaben mit Gewichten in der Kommaschreibweise (Kilogramm und Gramm) lösen.

Zum Rechnen mit Gewichten müssen
alle Gewichtsangaben in der gleichen
Einheit stehen.

13

Gewichte

Tonne und Kilogramm

Dieses Flugzeug darf beim Start nicht mehr als 78 t und 200 kg wiegen.

10 t	1 t	100 kg	10 kg	1 kg
7	8	2	0	0

Das sind 78,2~~00~~ t. Die Endnullen kannst du weglassen.

> **!** Das Komma trennt Tonne und Kilogramm.
> 78 t 200 kg = 78 200 kg = 78,200 t
> 78,200 t = 78,2 t

1 Trage in die Stellenwerttafel ein. Ergänze fehlende Angaben und runde.

	10 t	1 t	100 kg	10 kg	1 kg		
5 t 200 kg						5,2 t	≈ 5 t
10 t 355 kg							
56 t 400 kg							
1 t 50 kg							
						65,43 t	
						7,5 t	

2

4 t 50 kg					34 t 700 kg
4 050 kg	300 001 kg		40 444 kg		
4,05 t		20,03 t			

3 a) Schreibe in t.

4 t 670 kg = __4,67__ t

3 t 900 kg = _____ t

5 t 90 kg = _____ t

10 t 890 kg = _____ t

b) Schreibe in t.

3 250 kg = _____ t

5 799 kg = _____ t

5 500 kg = _____ t

2 401 kg = _____ t

c) Schreibe in kg.

3,79 t = __3 790__ kg

1,2 t = _____ kg

2,5 t = _____ kg

32,05 t = _____ kg

4 <, > oder = ?

a) 30 t 500 kg ◯ 5,3 t

81 600 kg ◯ 81,6 t

39 t 40 kg ◯ 9,4 t

10 t 200 kg ◯ 10,8 t

b) 45,9 t ◯ 45 t 90 kg

6,7 t ◯ 7 000 kg

7,5 t ◯ 7 500 kg

4 t 20 kg ◯ 4 002 kg

c) 3 t 100 kg ◯ 3 100 kg

56,056 t ◯ 56,56 t

5 150 kg ◯ 5,015 t

12 200 kg ◯ 12,2 t

Kommaschreibweise bei Tonnen kennenlernen.
Gewichtsangaben notieren, umrechnen und vergleichen.

! Ich weiß: 1 t sind 1 000 kg.
Also sind 78 t und 200 kg
78 200 kg oder 78,2 t.

Gewichte

Sachrechnen

Cessna

Leergewicht 779 kg   Startgewicht 1,089 t

Boeing 737

Leergewicht 41,413 t   Startgewicht 78,245 t

Das **Leergewicht** eines Flugzeuges ist das Gewicht des Flugzeuges ohne Passagiere, Gepäck, Verpflegung und Flugbenzin.
Das **Startgewicht** eines Flugzeuges ist das maximale Gewicht, das ein Flugzeug beim Start haben darf. Ist ein Flugzeug schwerer, darf es nicht starten.
Mit der **Zuladung** wird beschrieben, wie viel ein Flugzeug zum Leergewicht noch an Gewicht zuladen darf.

1 Wie viel Gewicht dürfen die Cessna und die Boeing 737 zu ihrem Leergewicht zuladen?

Lösungsweg:

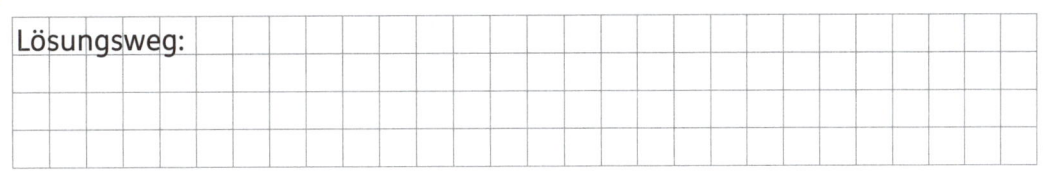

Antwort: _____

Ich rechne in Kilogramm.

2 Die Cessna bittet um Starterlaubnis. Der Pilot und die Passagiere wiegen zusammen 198 kg. Hinzu kommen noch 0,11 t für Flugbenzin.

Hält die Cessna das maximale Startgewicht ein?

Lösungsweg:

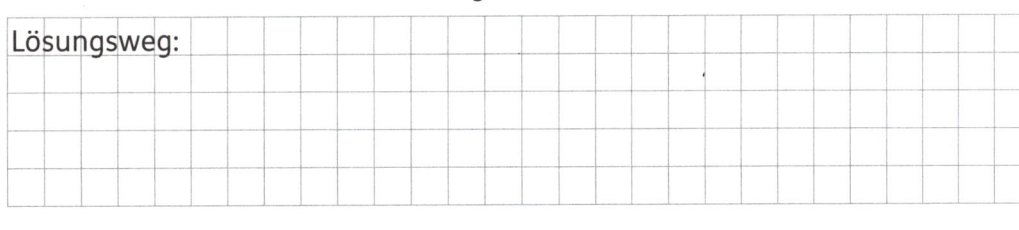

Antwort: _____

Denke an das Leergewicht.

3 Die Boeing 737 hat 34,75 t zugeladen. Kurz vor dem Start erhält der Pilot die Anfrage, ob er noch eine Kiste mit einem Gewicht von 1,635 t mitnehmen kann.

Notiere eine Frage, deinen Lösungsweg und die Antwort.

4 Ein Airbus 380 hat ein Leergewicht von 276,8 t. Heute fliegt er mit einer Zuladung von 256,54 t.

a) Wie groß ist sein Startgewicht? Notiere deinen Lösungsweg und die Antwort.

b) Im Tank befindet sich Flugbenzin mit einem Gewicht von 183,6 t.

Wie viel wiegt der Airbus bei der Landung, wenn das Flugbenzin zur Hälfte verbraucht wurde?

Notiere deinen Lösungsweg und die Antwort.

Sachaufgaben mit Gewichten lösen.

Ich löse die Aufgaben mit Kommazahlen, indem ich die Zahlen zuerst in die kleinere Einheit umrechne.

Gewichte

1

20 kg 45 g			3 kg 500 g	
		5 120 g		
	4,009 kg			$\frac{1}{2}$ kg

2 a) Schreibe in kg.

4 kg 100 g = _____ kg

940 g = _____ kg

3 kg 200 g = _____ kg

10 kg 10 g = _____ kg

b) Schreibe in kg.

2 600 g = _____ kg

2 062 g = _____ kg

620 g = _____ kg

2 006 g = _____ kg

c) Schreibe in g.

7,8 kg = _____ g

7,08 kg = _____ g

7,008 kg = _____ g

70,8 kg = _____ g

3 Frau Müllers neuer Einkaufskorb darf maximal 20 kg Gewicht tragen.

Kann Frau Müller alle Einkäufe in den Korb packen?

Notiere deinen Lösungsweg und die Antwort.

Einkaufsliste	
Tomaten	1,2 kg
Kartoffeln	5,8 kg
Äpfel	2 $\frac{1}{2}$ kg
Brot	750 g
Nudeln	500 g

4 a) Schreibe in t.

4 t 300 kg = _____ t

20 t 50 kg = _____ t

267 t 400 kg = _____ t

600 kg = _____ t

b) Schreibe in t.

80 300 kg = _____ t

8 030 kg = _____ t

83 000 kg = _____ t

803 kg = _____ t

c) Schreibe in kg.

40,7 t = _____ kg

40,07 t = _____ kg

4,7 t = _____ kg

400,7 t = _____ kg

5 Ein Airbus 380 hat ein Leergewicht von 276,8 t. Heute fliegt er mit einer Zuladung von 130,7 t.

Wie groß ist sein Startgewicht?

Notiere deinen Lösungsweg und die Antwort.

6

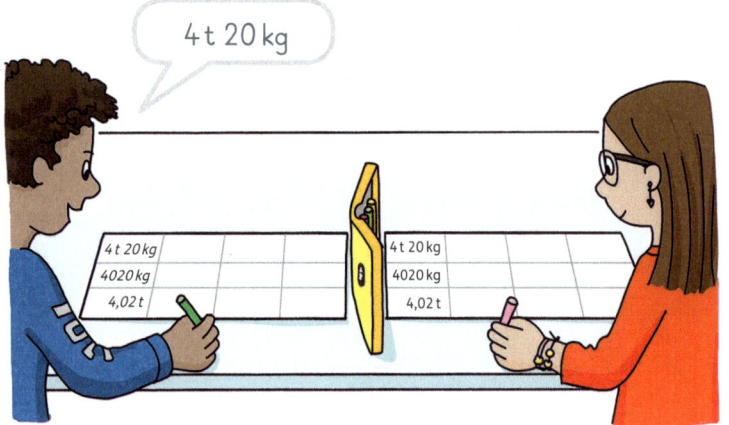

Gewichte umrechnen:

Eine Gewichtsangabe in Tonne
und Kilogramm nennen.

Beide Kinder notieren

3 Schreibweisen.

Gegenseitig kontrollieren.

Gespielt mit: _____

Gewichtsangaben umrechnen.
Sachaufgaben zu Gewichten lösen.

Zeit

Ein Tag hat 24 Stunden.

Ich denke an die Minuten. Ein Tag hat 1440 Minuten.

! | Ein Jahr hat 365 Tage. | Ein Tag hat 24 Stunden. | Eine Stunde hat 60 Minuten. | Eine Minute hat 60 Sekunden.

1 Schreibe in min.

a) 360 s = ___6 min___

1800 s = _____

3000 s = _____

b) 2 h = _____

3 h = _____

7 h = _____

c) 1 h 10 min = _____

$1\frac{1}{2}$ h = _____

4 h 5 min = _____

🔑 ~~6 min~~ 30 min 50 min 70 min 75 min 90 min 120 min 180 min 245 min 420 min

2 Schreibe in s.

a) 2 min = ___120 s___

7 min 10 s = _____

35 min 17 s = _____

b) 1 h = _____

3 h = _____

5 h = _____

c) 1 h 15 min = _____

$1\frac{1}{2}$ h = _____

3 h 20 min = _____

🔑 120 s 430 s 2117 s 3600 s 3615 s 4500 s 5400 s 10800 s 12000 s 18000 s

3 Schreibe in h und min.

a) 90 min = __ h ____ min

135 min = __ h ____ min

180 min = __ h ____ min

b) 128 min = __ h ____ min

83 min = __ h ____ min

241 min = __ h ____ min

c) 117 min = __ h ____ min

65 min = __ h ____ min

297 min = __ h ____ min

4 a) Wie viele Sekunden hat ein Tag?

Lösungsweg:

Antwort: _____

b) Wie viele Sekunden hat eine viertel Stunde?   c) Wie viele Sekunden hat eine halbe Stunde?

5 a) Max ist heute 9 Jahre alt geworden. Wie viele Tage ist er nun schon auf der Welt?

b) Rechne aus, wie viele Tage du genau heute auf der Welt bist.

c) Rechne aus, wie viele Stunden das sind.

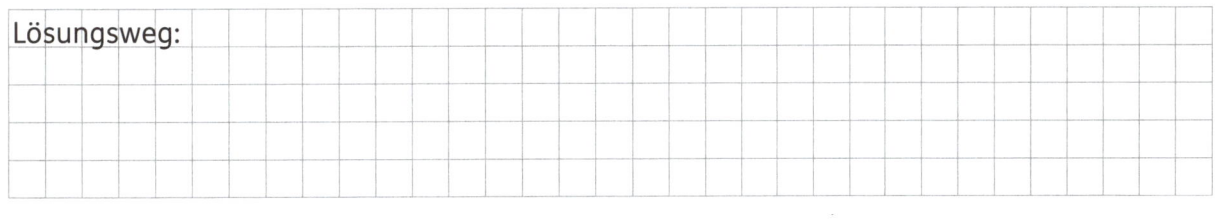

Zeitangaben in Stunden, Minuten und Sekunden umwandeln.
❁ Wie bist du vorgegangen?

Ich weiß, eine Minute sind 60 s.
Dann sind 2 min also 120 s.

Zeit

Sachrechnen

die Abfahrt

die Ankunft

die Fahrzeit

Zeit Time	Zug Train	Richtung Destination	Gleis Track
10:40	IC 2218	Mainz 11:18 ⊙ Köln 13:06 — **Münster 14:55** — Hamburg Hbf 17:14 — **Hamburg-Altona 17:29**	2
10:59 Fr, So	IC 1916	Worms 11:13 — Mainz 11:42 ⊙ Köln 13:43 — **Dortmund 15:07** — Hannover 17:01 — **Berlin Ostbf 19:15**	3
11:00			
11:16	ICE 76	Frankfurt Hbf 11:52 ⊙ Hannover 14:17 — Hamburg Hbf 15:35 — **Hamburg-Altona 15:51**	3
11:25	ICE 515	Heidelberg 11:36 — **Stuttgart 12:48** ⊙	4
11:32	ICE 690	Frankfurt Hbf 12:08 — Fulda 13:11 — Kassel-Wilhelmshöhe 13:44 ⊙ Berlin Hbf 16:25 — **Berlin Ostbf 16:37**	2
12:00			
12:05	ICE 578	Frankfurt Flughafen 12:36 — Frankfurt Hbf 12:52 ⊙ Hannover 15:17 — Hamburg Hbf 16:35 — **Hamburg-Altona 16:51**	3
12:31	ICE 595	Stuttgart 13:52 — Ulm 14:54 ⊙ **München 16:15**	4
12:32	ICE 370	Frankfurt Hbf 13:08 ⊙ Fulda 14:10 — Kassel-Wilhelmshöhe 14:43 — Berlin Hbf 17:27 — **Berlin Ostbf 17:38**	2
12:36	ICE 610	Frankfurt Flughafen 13:06 — Köln 14:05 ⊙ **Dortmund 15:21**	3
12:39	IC 2312	Mainz 13:18 ⊙ Köln 15:06 — **Münster 16:55** — Hamburg Hbf 19:14 — **Hamburg-Altona 19:29**	2

Abfahrt *Departure* DB **Mannheim Hbf**

Zeit Time	Zug Train	Richtung Destination	Gleis Track
13:00			
13:16	ICE 74	Frankfurt Hbf 13:52 ⊙ Hannover 16:17 — Hamburg **Hbf** 17:35 — **Kiel 18:43**	3
13:25	ICE 517	Heidelberg 13:36 — **Stuttgart 14:48** ⊙	4
13:32	ICE 598	Frankfurt Hbf 14:08 — Fulda 15:11 — Kassel-Wilhelmshöhe 15:44 ⊙ Berlin Hbf 18:25 — **Berlin Ostbf 18:37**	2
14:00			
14:05	ICE 576	Frankfurt Flughafen 14:36 — Frankfurt Hbf 14:52 ⊙ Hannover 17:17 — Hamburg Hbf 18:35 — **Hamburg-Altona 18:51**	3
14:08	IC 2414	Mainz 14:47 ⊙ Köln 16:43 — **Dortmund 18:07**	2
14:31	ICE 597	Stuttgart 15:52 — Ulm 16:54 ⊙ **München 18:15**	4
14:32	ICE 278	Frankfurt Hbf 15:08 ⊙ Fulda 16:10 — Kassel-Wilhelmshöhe 16:43 — Berlin Hbf 19:28 — **Berlin Ostbf 19:39**	2
14:36	ICE 518	Frankfurt Flughafen 15:06 — Köln 16:04 ⊙ **Dortmund 17:21**	3
14:39	EC 8	Mainz 15:18 ⊙ Köln 17:06 — **Münster 18:55** — Hamburg Hbf 21:14 — **Hamburg-Altona 21:29**	2

ICE Intercity-Express EC Eurocity
IC Intercity ⊙ bis hier sind alle Halte angegeben

1 Informiere dich auf dem Abfahrtsplan „Mannheim Hauptbahnhof".

a) Welche verschiedenen Zugarten findest du auf dem Fahrplan? _____

b) Auf welchem Gleis fährt der ICE um 12.31 Uhr ab? _____

c) Um wie viel Uhr ist die Abfahrt des ICE 74 nach Kiel? _____

2 Markiere mit verschiedenen Farben.

a) Mit welchen Zügen kannst du von Mannheim Hbf nach Berlin Hbf fahren?

b) Mit welchen Zügen kannst du von Mannheim Hbf nach Hamburg Hbf fahren?

c) Mit welchen Zügen kannst du von Mannheim Hbf nach Frankfurt Hbf fahren?

d) Mit welchen Zügen kannst du an einem Freitag von Mannheim Hbf nach Köln fahren?

3 Du fährst mit dem Zug IC 2312.

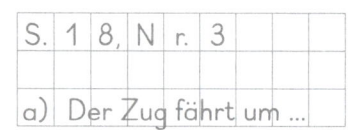

S. 1 8, N r. 3

a) Der Zug fährt um ...

a) Wann fährt der Zug in Mannheim Hbf ab?

b) Um wie viel Uhr ist die Ankunft am Endbahnhof?

c) Wie lange ist die Fahrzeit von Mannheim Hbf bis Mainz?

d) Um wie viel Uhr kommt der Zug in Münster an?

e) Wie lange ist die Fahrzeit von Mannheim Hbf bis Hamburg Hbf?

Informationen aus einem Fahrplan entnehmen.
Einfache Zeitspannen berechnen.
MK Informationsauswertung 3

Ich kann mit dem Zug ... von Mannheim Hbf nach Berlin Hbf fahren. Er fährt um ... ab und kommt um ... an.

Zeit

Sachrechnen

1 Mini und Max möchten zwischen 11.00 Uhr und 12.15 Uhr von Mannheim Hbf nach Hannover fahren.

a) Um wie viel Uhr können Mini und Max losfahren?

_____

b) In welche Züge können Mini und Max in Mannheim Hbf einsteigen?

_____

c) Welchen Zug nehmen Mini und Max, damit ihr Freund in Frankfurt Flughafen einsteigen kann und alle nach Hannover fahren?

_____

d) Welchen Zug von Mannheim Hbf nach Hannover nehmen Mini und Max, wenn sie die Zugverbindung mit der kürzesten Fahrzeit wählen?

_____

e) Welcher Zug von Mannheim Hbf nach Hannover fährt nicht über Frankfurt Flughafen?

_____

f) Welche Züge können Mini und Max nehmen, um vor 16.30 Uhr in Hannover anzukommen?

_____

2 Notiere 3 eigene Fragen zum Fahrplan auf Seite 18. Dein Partner beantwortet die Fragen.

bearbeitet mit: _____

3 Mini und Max möchten am nächsten Samstag von Leipzig Hbf nach Dresden Hbf fahren. Recherchiere im Internet nach Zugverbindungen.

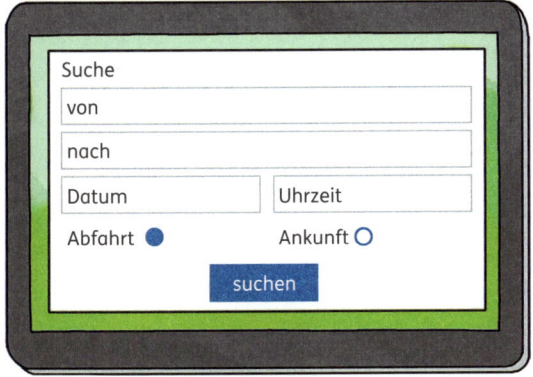

Die Suchergebnisse sind nach den Abfahrtszeiten sortiert.

a) Welche Zugverbindungen gibt es zwischen 9.00 Uhr und 12.00 Uhr?

b) Welche Zugverbindung ist am schnellsten?

c) Wie lange ist die Fahrzeit für die schnellste Verbindung?

Informationen aus einem Fahrplan entnehmen.
Einfache Zeitspannen bestimmen.
MK Informationsrecherche 3

Mini und Max können folgende
Züge nehmen: ...
Diese fahren um ... los.

19

Zeit

Zeitspannen

1 a) Familie Sommer fährt in Leipzig Hbf mit dem Zug um 9.55 Uhr los. Die Fahrt dauert 1 h 10 min. Um wie viel Uhr kommt die Familie am Ziel Dresden Hbf an?

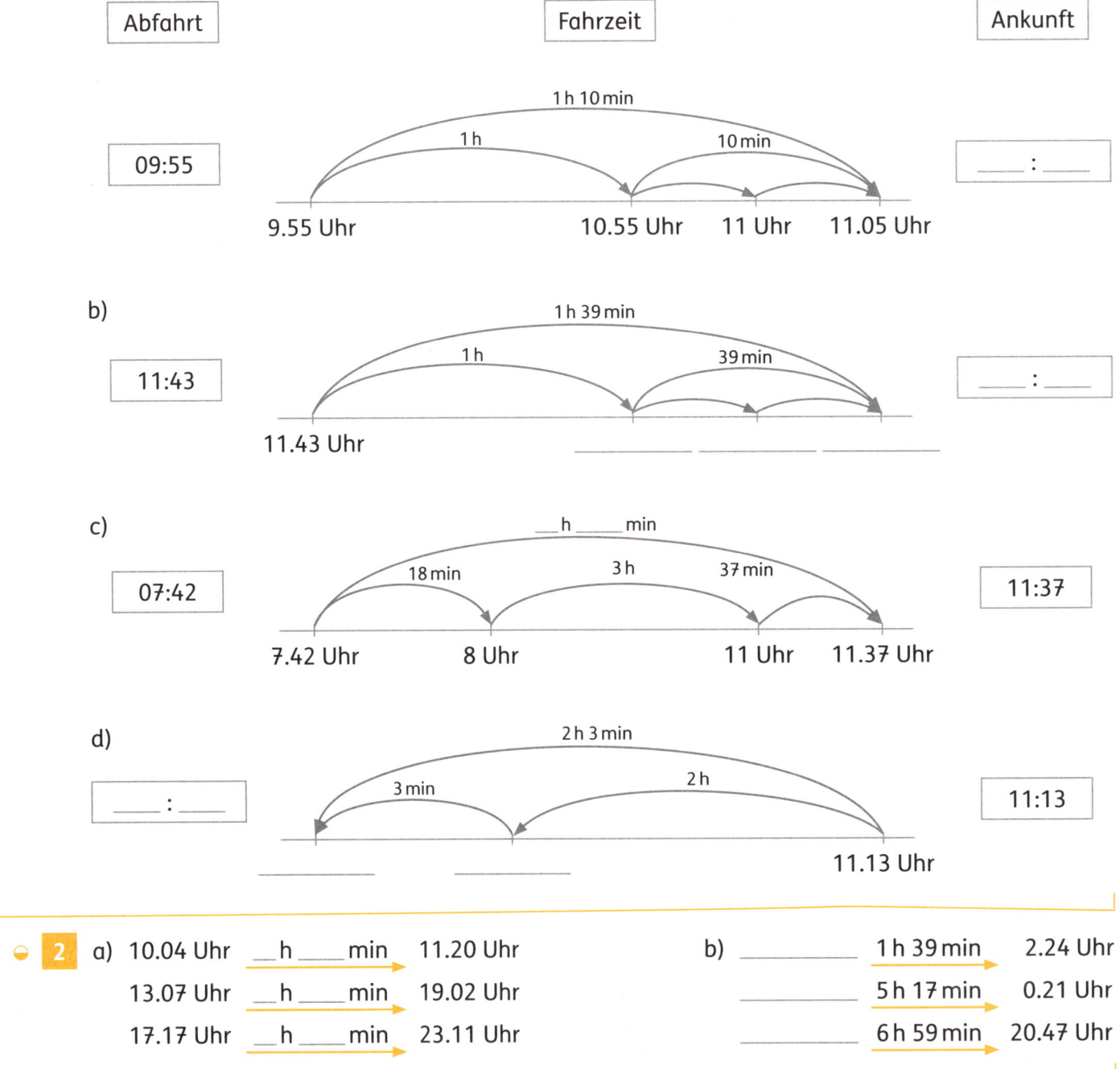

| Abfahrt | Fahrzeit | Ankunft |

b)

c)

d)

2 a) 10.04 Uhr __ h ____ min → 11.20 Uhr

13.07 Uhr __ h ____ min → 19.02 Uhr

17.17 Uhr __ h ____ min → 23.11 Uhr

b) _____ 1 h 39 min → 2.24 Uhr

_____ 5 h 17 min → 0.21 Uhr

_____ 6 h 59 min → 20.47 Uhr

3 Notiere Frage, Lösungsweg und Antwort.

a) Familie Müller möchte gerne von Frankfurt Hbf nach Berlin Ostbahnhof fahren. Der Zug fährt in Frankfurt Hbf um 9.13 Uhr an Gleis 2 ab. Die Fahrt dauert 4 h 21 min. Durch eine Beschädigung an den Schienen bei Fulda verlängert sich die Fahrzeit um 57 min.

b) Familie Schmitt möchte mit dem Zug von Frankfurt Hbf nach Leipzig fahren. Der Zug sollte um 18.20 Uhr abfahren. Er hat eine Verspätung von 21 min und kommt dadurch erst um 21.41 Uhr an.

Zeitspannen berechnen.
Abfahrt, Fahrzeit und Ankunft bestimmen.

19

Ich rechne zuerst … h und dann … min dazu. Der Zug kommt um … an.

Zeit

1 a) Schreibe in min.

4 h = _____ min

5 h = _____

9 h = _____

10 h = _____

b) Schreibe in min.

240 s = _____ min

480 s = _____

600 s = _____

960 s = _____

c) Schreibe in s.

2 min = _____ s

6 min = _____

12 min 5 s = _____

20 min 17 s = _____

120 s   4 min   300 s   360 s   8 min   10 min   725 s   16 min   1217 s   240 min   300 min   540 min   600 min

2 Schreibe in h und min.

a) 70 min = __ h ____ min

125 min = __ h ____ min

170 min = __ h ____ min

b) 108 min = __ h ____ min

89 min = __ h ____ min

211 min = __ h ____ min

c) 129 min = __ h ____ min

95 min = __ h ____ min

185 min = __ h ____ min

3

Abfahrt *Departure* DB **Hamburg Dammtor**			
Zeit *Time*	**Zug** *Train*	**Richtung** *Destination*	**Gleis** *Track*
11:29	**ICE** 601	Berlin Hbf 13:22 — Berlin Südkreuz 13:51 — Leipzig 15:42 — Erfurt 16:29 — **München 19:03**	**4**
11:43	**ICE** 674	Neumünster 12:23 — **Kiel 12:43** ☉	**3**
11:54	**ICE** 789	Hannover 13:20 — Göttingen 14:00 — Kassel-Wilhelmshöhe 14:21 ☉ München 17:41	**4**
12:00			
12:21 Fr	**ICE** 1079	Hannover 13:46 — Göttingen 14:25 — Kassel-Wilhelmshöhe 14:47 ☉ Frankfurt(Main)Süd 16:42 — Darmstadt 17:13 — **Stuttgart 18:32**	**4**
12:27	**ICE** 1709	Berlin Hbf 14:20 — Berlin Südkreuz 14:51 — Halle 16:50 — Erfurt 17:24 — **München 20:53**	**4**
12:31	**ICE** 696	Hamburg-Altona 12:38 — Neumünster 13:23 — **Kiel 13:43** ☉	**3**

Zeit *Time*	**Zug** *Train*	**Richtung** *Destination*	**Gleis** *Track*
13:00			
13:03	**ICE** 696	Hamburg-Altona 13:10 — Neumünster 13:53 — **Kiel 14:11** ☉	**3**
13:17	**ICE** 579	Hannover 14:38 — Göttingen 15:15 — Kassel-Wilhelmshöhe 15:35 — Frankfurt Hbf 17:00 ☉ Mannheim 17:55 — **Stuttgart 19:32**	**4**
13:29	**ICE** 603	Berlin Hbf 15:22 — Berlin Südkreuz 15:51 — Leipzig 17:42 — Erfurt 18:29 — **München 21:01**	**4**

ICE Intercity-Express
IC Intercity
EC Eurocity
☉ bis hier sind alle Halte angegeben

a) Informiere dich auf dem Abfahrtsplan „Hamburg Dammtor".

Welche verschiedenen Zugarten findest du auf dem Fahrplan? _____

b) Auf welchem Gleis fährt der ICE um 13.17 Uhr ab? _____

c) Um wie viel Uhr fährt der ICE 1709 nach München in Hamburg Dammtor los? _____

4 a) 7.50 Uhr →2 h 20 min→ _____ Uhr

8.49 Uhr →3 h 40 min→ _____

8.32 Uhr →3 h 37 min→ _____

b) _____ →2 h 5 min→ 16.10 Uhr

_____ →8 h 45 min→ 17.35 Uhr

_____ →1 h 55 min→ 2.30 Uhr

5

Fahrplan ausdenken:

In einer Tabelle 2 Angaben notieren und nennen. Der Partner berechnet die fehlende Angabe und trägt sie ein.

Gespielt mit: _____

Stunden, Minuten und Sekunden umrechnen.
Informationen aus einem Fahrplan entnehmen.
Abfahrt, Fahrzeit und Ankunft bestimmen.

Bushaltestelle: Poststraße

🕐	Montag–Freitag	Samstag	Sonn- u. Feiertag
0	05× 35×	05× 35×	05× 35×
1	05×	05× 35×	05× 35×
2	--	05× 35×	05× 35×
3	--	05× 35×	05× 35×
4	49	05× 35×	05× 35×
5	09 29 49	13 28 43 58	05× 35×
6	09 23 33 43 53	13 28 43 58	05× 35×
7	03 13 23 33 43 53	13 28 43 58	05× 35×
8	03 13 23 33 43 53	13 28 43 58	05× 35×
9	03 13 23 33 43 53	13 28 43 58	05× 28× 43× 58×
10	03 13 23 33 43 53	13 28 43 58	13× 28× 43× 58×
11	03 13 23 33 43 53	13 28 43 58	13× 28× 43× 58
12	03 13 23 33 43 53	13 28 43 58	13 28 43 58
13	03 13 23 33 43 53	13 28 43 58	13 28 43 58
14	03 13 23 33 43 53	13 28 43 58	13 28 43 58
15	03 13 23 33 43 53	13 28 43 58	13 28 43 58
16	03 13 23 33 43 53	13 28 43 58	13 28 43 58
17	03 13 23 33 43 53	13 28 43 58	13 28 43 58
18	03 13 23 33 43 53	13 28 43 58	13 28 43 58
19	03 13 23 33 43 53	13 28 43 58	13 28 43 58
20	03 13 23 33 43× 58×	13 28× 43× 58×	13 28× 43× 58×
21	13× 28× 43× 58×	13× 28× 43× 58×	13× 28× 43× 58×
22	13× 28× 43×	13× 28× 43×	13× 28× 43×
23	05× 35×	05× 35×	05× 35×

× = bis Altstadt

Neustadt
Poststraße
01 Teichweg
03 Hauptstraße
05 Unterer Ring
07 Gänseweg
08 Schiller Allee
09 Körnerstaße
10 Bahnhof
11 Möwenring
12 Altstadt
13 Akazienweg
15 Dachsweg
16 Westfriedhof
17 Großmarkt

Fahrzeit in Minuten

1
a) Mini und Max wollen mit dem Bus von der Poststraße zum Westfriedhof fahren.
Wie viele Haltestellen müssen sie fahren? _____

b) Wie lange dauert die Busfahrt? _____

c) Mini und Max stehen an einem Samstag um 10.30 Uhr an der Haltestelle Poststraße.
Wann kommt der nächste Bus? _____

d) Wie viele Busse fahren donnerstags zwischen 09.05 Uhr und 10.30 Uhr? _____

e) Wann fährt am Sonntag der erste Bus zum Westfriedhof? _____

f) Der Bus fährt um 12.13 Uhr ab. Wann kommt er am Westfriedhof an? _____

2 Kreuze die richtige Aussage an.

Die Busse fahren:

werktags zwischen 10 Uhr und 11 Uhr

alle halbe Stunde ☐

alle viertel Stunde ☐

alle 10 Minuten ☐

am Sonntag zwischen 7 Uhr und 8 Uhr

alle halbe Stunde ☐

alle viertel Stunde ☐

alle 10 Minuten ☐

samstags zwischen 19 Uhr und 20 Uhr

alle halbe Stunde ☐

alle viertel Stunde ☐

alle 10 Minuten ☐

am Dienstag zwischen 21 Uhr und 22 Uhr

alle halbe Stunde ☐

alle viertel Stunde ☐

alle 10 Minuten ☐

Informationen aus einem Plan entnehmen und kombinieren.
MB Informationsbewertung 2

22

Sachrechnen

Projekt: Schulfahrt nach Rom

Eine Schule fährt nach Rom

Mit einer ganz besonderen Aktion feiert die Gesamtschule in Grefrath (Nordrhein-Westfalen) seinen 125. Geburtstag: 1 058 Schüler, 107 Eltern und 69 Lehrer fahren für eine Woche nach Rom. Die Gruppe wird auf dem Campingplatz „Fabulous" in Mobilheimen mit je 4 Personen pro Haus untergebracht. Dieser befindet sich in unmittelbarer Nähe zur Stadt. Während 30 Personen aus gesundheitlichen Gründen mit dem Flugzeug anreisen, fahren alle anderen Teilnehmer mit dem Bus. Für die Anfahrt von Grefrath nach Rom sind 24 Stunden veranschlagt. In Rom werden die Busse auch für Besichtigungen in der Stadt und der Umgebung genutzt.

1 a) Wie viele Personen reisen insgesamt nach Rom?

Es reisen insgesamt _____ Personen nach Rom.

b) Wie viele Personen reisen mit dem Flugzeug an?

Es reisen _____ Personen mit dem Flugzeug an.

c) Wie viele Stunden sind für die Anfahrt von Grefrath nach Rom veranschlagt?

Es sind _____ Stunden für die Anfahrt von Grefrath nach Rom veranschlagt.

2 In jeden Bus passen 50 Personen. Der Schulleiter sagt: „Wir reisen mit 25 Bussen nach Rom."

a) Kinder haben den Satz des Schulleiters durch verschiedene Lösungswege geprüft.

Welchen Lösungsweg findest du am geschicktesten?

$1\,234 - 30 = 1\,204$

$\underline{1\,204 : 50 = 24 \text{ R}4}$
$1\,000 : 50 = 20$
$200 : 50 = 4$ ☐

$1\,234 - 30 = 1\,204$
$25 \cdot 50 = 1\,250$

In 25 Bussen haben 1 250 Personen Platz. Also reichen 25 Busse. ☐

$1\,234 - 30 = 1\,204$

	Bus
$1\,204 - 50 = 1\,154$	1
$1\,154 - 50 = 1\,104$	2
...	...
$54 - 50 = 4$	24

☐

$1\,234 - 30 = 1\,204$

Bus	1	2	3	4	5	...	20	21	22	23	24	25	
Personen	50	100	150	200	250	...	1 000	1 050	1 100	1 150	1 200	1 250	☐

b) Begründe deine Entscheidung. _____

_____

_____

Sachrechnen

Projekt: Schulfahrt nach Rom

1 30 Personen sind nicht mit dem Bus gefahren, sondern geflogen.

a) Wie lange dauerte für sie die Reise nach Rom, wenn sie 2 h 35 min vor Abflug an der Schule losfahren mussten?

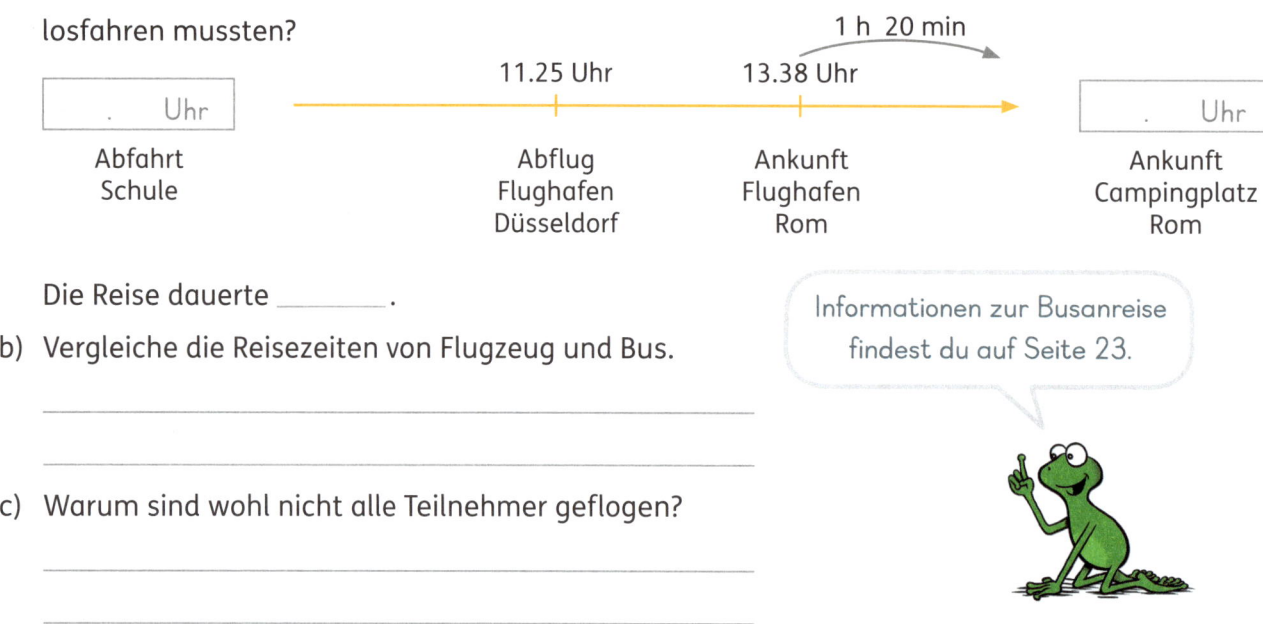

Die Reise dauerte _____ .

b) Vergleiche die Reisezeiten von Flugzeug und Bus.

_____

_____

c) Warum sind wohl nicht alle Teilnehmer geflogen?

_____

_____

> Informationen zur Busanreise findest du auf Seite 23.

2 Die Reisekosten für die Fahrt ergeben sich so:

Fahrt nach Rom:	103,55 € (pro Person)	Verpflegung:	103 € (pro Person)
Mobilheim:	228 € (für 4 Personen)	Besichtigungsprogramm:	86,45 € (pro Person)

a) Wie viel kostet die Reise pro Teilnehmer?

b) Wie viel Geld sammelt der Lehrer der Klasse 5a für die Klasse mit 27 Kindern ein?

3 a) Tim, ein Schüler der 6. Klasse, möchte wissen, wie weit es bis Rom ist. Er notiert den Kilometerstand des Busses Nr. 3 bei Abfahrt in Grefrath und bei der Ankunft auf dem Campingplatz.

Abfahrt

156 382,00 km

Ankunft

157 851,00 km

b) Tim möchte wissen, wie viele Kilometer sie in Rom gefahren sind. Deshalb kontrolliert er noch einmal den Kilometerstand des Busses vor der Abfahrt nach Hause.

159 545,00 km

c) Wie viele Kilometer sind sie insgesamt gefahren?

Im Sachkontext mit verschiedenen Größen rechnen.

Ich teile zuerst 228 € durch 4 Personen.

Sachrechnen

Projekt: Schulfahrt nach Rom

1 Ein Bus fährt mit einer Geschwindigkeit von 70 km in der Stunde.

Wie viele Kilometer fährt der Bus in 5 h?

Antwort: _____

_____

Zeit	gefahrene km
1 h	km
2 h	
3 h	
5 h	

2 a) Ein Auto fährt mit einer Geschwindigkeit von 120 km in der Stunde.

Berechne die gefahrenen Kilometer.

Zeit	gefahrene km
1 h	120 km
2 h	
3 h	
5 h	

b) Wie viele Kilometer legt ein Auto zurück, das nur halb so schnell fährt?

Berechne die gefahrenen Kilometer

Zeit	gefahrene km
1 h	km
2 h	
3 h	
5 h	

c) Vergleiche die gefahrenen Kilometer der beiden Autos. Was stellst du fest?

Ein Auto, das nur halb so schnell fährt, fährt in der gleichen Zeit _____

3 Ein Fußgänger geht in der Stunde ungefähr 4 km. Er geht also mit einer Geschwindigkeit von etwa 4 km/h.

a) Wie viele Kilometer schafft ein Fußgänger etwa in 1, 2, 3, 4, 5 Stunden? Lege eine Tabelle an.

b) Der Campingplatz der Schule liegt 14 km vom Mittelmeer entfernt. Einige Klassen möchten während ihrer Reise eine Wanderung an den Strand machen.

Wie viel Zeit müssen sie für den Hinweg einplanen?

Erste Erfahrungen zur Geschwindigkeit sammeln.

Ich gehe in einer Stunde … km.
Also gehe ich in 2 Stunden … km.
und in … Stunden … km.

25

Sachrechnen

Projekt: Schulfahrt nach Rom

Cartolina postale 1,39 €

5,99 €

6,49 €

8,39 €

1 T-Shirt 12,99 €
5 T-Shirts 49,50 €

a) Stimmt das?

	ja	nein
Ich habe noch 10 €. Dafür kaufe ich 8 Postkarten.	☐	☐
4 Kinder wollen sich ein T-Shirt kaufen. Tim behauptet: „Es ist günstiger, 5 T-Shirts zu nehmen."	☐	☐
Ich habe noch 14 €. Dafür kaufe ich ein Kolosseum und einen Gladiator.	☐	☐

b) Schreibe 2 weitere Aufgaben. Dein Partner rechnet.

bearbeitet mit: _____

2 Zum Abendessen am 3. Tag möchten 952 Teilnehmer Spaghetti Bolognese essen.

a) Wie viele Kilogramm Spaghetti müssen für alle Teilnehmer gekocht werden?

b) Wie viele Kilogramm Tomatensoße und Hackfleisch muss der Chefkoch für alle Teilnehmer kochen?

> **Spaghetti Bolognese**
> für 1 Person
>
> 150 g   Spaghetti
> 200 g   Tomatensoße
> 50 g   Hackfleisch

3 a) Spaghetti werden in unterschiedlichen Mengen im Supermarkt angeboten.
Welche Packung ist am günstigsten für die Schule? Kreise ein.

0,65 €   2,99 €   1,09 €

b) Wie viele Packungen Spaghetti müssen von der günstigsten Sorte eingekauft werden?

c) Vergleiche die Preise für Reis.
Welche Packung ist am günstigsten? Kreise ein.

> Rechne für alle Packungsgrößen den Preis für 1 kg aus.

1,89 €   4,99 €   15,95 €

Im Sachkontext mit verschiedenen Größen rechnen.
Wie vergleichst du die Preise?
Informationsbewertung 1 3

Ich benötige für eine Person 150 g Spaghetti. Also brauche ich für 952 Personen ... mal ... g.

Sachrechnen

1

Tipp: Das Kolosseum hat ungefähr die Größe eines Fußballstadions.

a) Können die Schüler der Gesamtschule eine Menschenkette um das Kolosseum bilden?

Lösungsweg:

Antwort: _____

b) Was könnt ihr mit eurer Klasse umarmen?

2

Eine Legende besagt, dass man nur nach Rom zurück-kehrt, wenn man eine Münze in den berühmtesten Brunnen Italiens, den Trevi-Brunnen, wirft. Da viele Besucher wiederkommen möchten, landen jeden Tag Geldstücke unterschiedlichster Währungen im Trevi-Brunnen. So kommen jedes Jahr etwa 1,5 Millionen Euro zusammen.
Wie viel Euro werden ungefähr täglich in den Trevi-Brunnen geworfen?

3

In Rom lebt das Oberhaupt der katholischen Kirche, der Papst, in einem eigenen Staat. Diesen nennt man Vatikanstadt. Jede Woche empfängt der Papst Menschen in seiner Audienzhalle oder auf dem Platz vor der Kirche, dem Petersplatz.
Wie viele Schulklassen könnten sich auf dem Petersplatz versammeln?

Peterskirche

Peters-platz   340 m

240 m

Fermi-Aufgaben und Sachaufgaben lösen.

Sachrechnen

Projekt: Wunder der Natur

Der höchste Wasserfall der Erde befindet sich in Venezuela. Das Land liegt in Südamerika. Der Salto Ángel ist 979 m hoch und damit etwa 3-mal so hoch wie der Eiffelturm in Paris. In ungefähr 14 s rauscht das Wasser hinunter. Der Wasserfall wurde am 16. November 1933 von dem amerikanischen Buschpiloten Jimmie Angel entdeckt. Nach ihm ist auch der Wasserfall benannt.

Das bevorzugte Jagdgebiet der Wasserfledermaus sind Seen. Die Spannweite ihrer Flügel beträgt ungefähr 27 cm. In rund 5 h frisst eine einzige Wasserfledermaus etwa 4 500 Mücken. Pro Sekunde erzeugt sie ungefähr 160 Laute. Diese Laute nutzt sie zur Echoortung.

Das größte Säugetier der Erde ist der Blauwal. Er kann eine Länge von 33 m und ein Gewicht von bis zu 190 t erreichen. Ein Elefant wiegt im Vergleich nur 6 t. Das Herz des Blauwals ist so groß wie ein Kleinwagen und durch seine Aorta könnte ein Kind schwimmen. Ein Blauwal-Junges trinkt täglich mehr als 250 l Milch.

Im amerikanischen Yellowstone Nationalpark befindet sich einer der spektakulärsten Geysire. Der Old Faithfull (der alte Getreue) spuckt ungefähr einmal pro Stunde so viel Wasser aus, wie in 170 Badewannen passen würde. Diese Eruption kann bis zu 5 min dauern und erreicht eine Höhe von bis zu 55 m.

1 Recherchiere im Internet folgende Begriffe: Echoortung, Aorta, Geysir und Eruption.

Erkläre die Begriffe deinem Partner.

Recherchiere weitere dir unbekannte Begriffe.

Informationstexte lesen.
MK Informationsrecherche 1

Ich weiß nun, dass eine Aorta ...

Sachrechnen

Projekt: Wunder der Natur

1 Markiere zu jeder Frage die passenden Informationen in den Texten auf Seite 28.
Benutze für jede Frage eine andere Farbe. Beantworte die Fragen.

a) Wie viele Laute erzeugt eine Wasserfledermaus pro Sekunde?

_____

b) Wie schwer kann ein Blauwal werden?

_____

c) Wann wurde der Wasserfall Salto Ángel entdeckt?

_____

d) Wie hoch kann der Geysir das Wasser ausstoßen?

_____

e) Überlege dir eine weitere Frage zu den Texten. Dein Partner beantwortet sie.

2 Überprüfe die Behauptung:

„Der Salto Ángel ist etwa 3-mal so hoch wie der Eiffelturm in Paris."

Kreise die fehlende Information für die Berechnung im Text ein.

Lösungsweg:

Antwort: _____

Der Eiffelturm ist 324 m hoch.

3 Überprüfe die Behauptung:

„Der Geysir stößt ungefähr 18 500 l Wasser in einer Stunde aus."

Kreise die fehlende Information für die Berechnung im Text ein.

Lösungsweg:

Antwort: _____

In eine Badewanne passen 150 l Wasser.

4 Überprüfe die Behauptung:

„Der Blauwal wiegt so viel wie etwa 32 Elefanten."

Kreise die fehlende Information für die Berechnung im Text ein.

Notiere deinen Lösungsweg und die Antwort.

5 Überlege dir eine eigene Aufgabe zu der Wasserfledermaus. Notiere sie auf einer Karteikarte.

Aus Texten Informationen entnehmen.
Behauptungen auf Plausibilität überprüfen.
Informationsbewertung 2 3 4

Ich lese zuerst den passenden Text.
Ich suche die wichtige Information und markiere sie. Ich antworte im Satz.

29

Sachrechnen

Projekt: Wunder der Natur

Mini und Max reisen in die USA, nach Arizona, um sich ein weiteres Naturwunder anzuschauen: den Antilope Canyon. Dieser atemberaubende rote Sandstein bildete durch einen Fluss sehr schöne Schluchten. Die Felswände sind eines der beliebtesten Fotomotive und viele tausende Besucher kommen jedes Jahr hierher.

1 a) Mini und Max buchen eine Canyon-Tour. Sie bezahlen den Preis für Erwachsene.

Frage: _____

Lösungsweg:

Eintrittspreise geführte Canyon-Tour:

Erwachsene	62,80 €
Kinder	35,40 €
Gruppenpreis	420,00 €

Antwort: _____

b) Lea geht mit ihren Eltern und ihren Geschwistern Ben und Mia in den Canyon.
   Sie buchen eine Canyon-Tour.

c) Berechne den Preis für eine Canyon-Tour für deine Familie.

d) Eine Gruppe von 9 Erwachsenen bucht eine Canyon-Tour.
   Lohnt sich der Gruppenpreis?

e) 11 Kinder überlegen, ob sie den Gruppenpreis nehmen.

Hilft dir eine Tabelle?

2 Im Kreisdiagramm sind die Besucherzahlen des Antilope Canyon eines Jahres abgebildet.

a) Notiere zu jedem Land oder Kontinent die passende Besucheranzahl.

b) Male die Kreisstücke in der passenden Farbe an. ✏

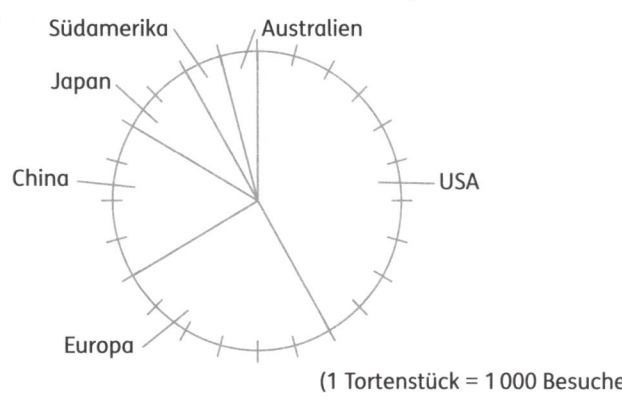

(1 Tortenstück = 1000 Besucher)

___10 000___ Besucher aus USA

_____ Besucher aus Europa

_____ Besucher aus China

_____ Besucher aus Japan

_____ Besucher aus Südamerika

_____ Besucher aus Australien

c) Stelle das Kreisdiagramm als Säulendiagramm dar. (1 Kästchen = 1000 Besucher)

Sachaufgaben mit Geld lösen. Tabelle zum Lösen verwenden. Kreisdiagramm lesen und interpretieren. Säulendiagramm zeichnen.
MK Informationsauswertung 2

 Wenn ich schriftlich rechne, achte ich darauf, dass das Komma immer untereinander steht.

Sachrechnen

Projekt: Wunder der Natur

Das männliche Leistenkrokodil ist mit einer Länge von etwa 5 m das größte Krokodil der Erde. Das Leistenkrokodil kommt in Ostindien, Südostasien und in Nordaustralien vor. Es lebt in Flüssen, kann aber sogar in den Ozean vordringen. Diese Tiere können ohne Probleme etwas mehr als eine Stunde unter Wasser bleiben. Ihr Herz schlägt dann nur noch einmal in 30 s.

1 Richtig ☑ oder falsch [f] ?

- ☐ Das Leistenkrokodil kommt nur in Flüssen vor.
- ☐ Das Leistenkrokodil ist das größte Krokodil der Erde.
- ☐ Diese Krokodile können ohne Probleme 3 Stunden unter Wasser bleiben.
- ☐ Man findet das Leistenkrokodil in verschiedenen Ländern.
- ☐ Das männliche Krokodil kann etwa 5 m lang werden.

2 a) Schreibe eine eigene Rechengeschichte zu dem Leistenkrokodil.
Notiere dazu auch eine Frage.

> Die Informationen und Zahlen müssen realistisch sein.

> Die Rechengeschichte muss verständlich sein.

> Die Rechengeschichte muss alle notwendigen Informationen enthalten, damit man sie lösen kann.

Beachte!

b) Dein Partner liest die Rechengeschichte und beantwortet die Frage.

3 Die kleinste Krokodilart sind die Kaimane.

Der Glattstirnkaiman wird höchstens 1,70 m lang und ist damit viel kleiner als das Leistenkrokodil.

Notiere eine Frage, deinen Lösungsweg und die Antwort.

4 Recherchiere in Büchern oder im Internet zu einem weiteren Wunder der Natur. Schreibe einen kurzen Infotext mit wichtigen Daten und interessanten Informationen auf eine Karteikarte. Notiere auf der Rückseite eine Frage zu deinem Text.

Aussagen überprüfen. Eigene Rechengeschichten schreiben.
✿ Hast du alle Kriterien beachtet?
📖 Informationsrecherche 4

Die Aussage ist nicht richtig.
Im Text steht …

31

Rauminhalte

In meinem Glas ist mehr Saft als im mittleren Glas.

In diesen beiden Gläsern ist gleich viel Saft.

mehr ... als
weniger ... als
genauso viel ... wie

1 Vergleiche und vervollständige.

A   B   C   D

In Glas A ist _____ Saft als in Glas B.

In Glas C ist _____ Saft als in Glas D.

In Glas B ist _____ Saft wie in Glas D.

In Glas D ist _____

In Glas A ist _____

2 Die Kinder der Klasse 4a wollen den Inhalt dieser Flaschen vergleichen.

Wie können sie vorgehen?

_____
_____
_____
_____

3 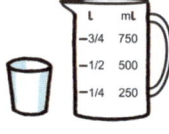 Befülle mit einem Trinkglas einen Messbecher.

Wie oft musst du dein volles Trinkglas in den Messbecher gießen? Schätze zuerst.

geschätzt: _____   gezählt: _____

4 Ordne die Gefäße nach der Größe ihres Inhalts. Beginne mit dem größten.

Till hat 4 Gläser zum Befüllen gebraucht.
☐

Till hat 2 Gläser zum Befüllen gebraucht.
☐

Till hat 2 Gläser und ein halbes gebraucht.
☐

Rauminhalte vergleichen.
Gefäße nach Größe des Inhalts ordnen.
✿ Was schlägst du vor?

... ist mehr als ...
... ist weniger als ...
... ist genauso viel wie ...

Rauminhalte

Liter und Milliliter

Die Milchtüte fasst 1 l. Das sind 1000 ml.

In den Zentimeterwürfel passt 1 ml. Dann fassen 1000 Würfel einen Liter.

der Milliliter   ml
der Liter   l

! 1 Milliliter 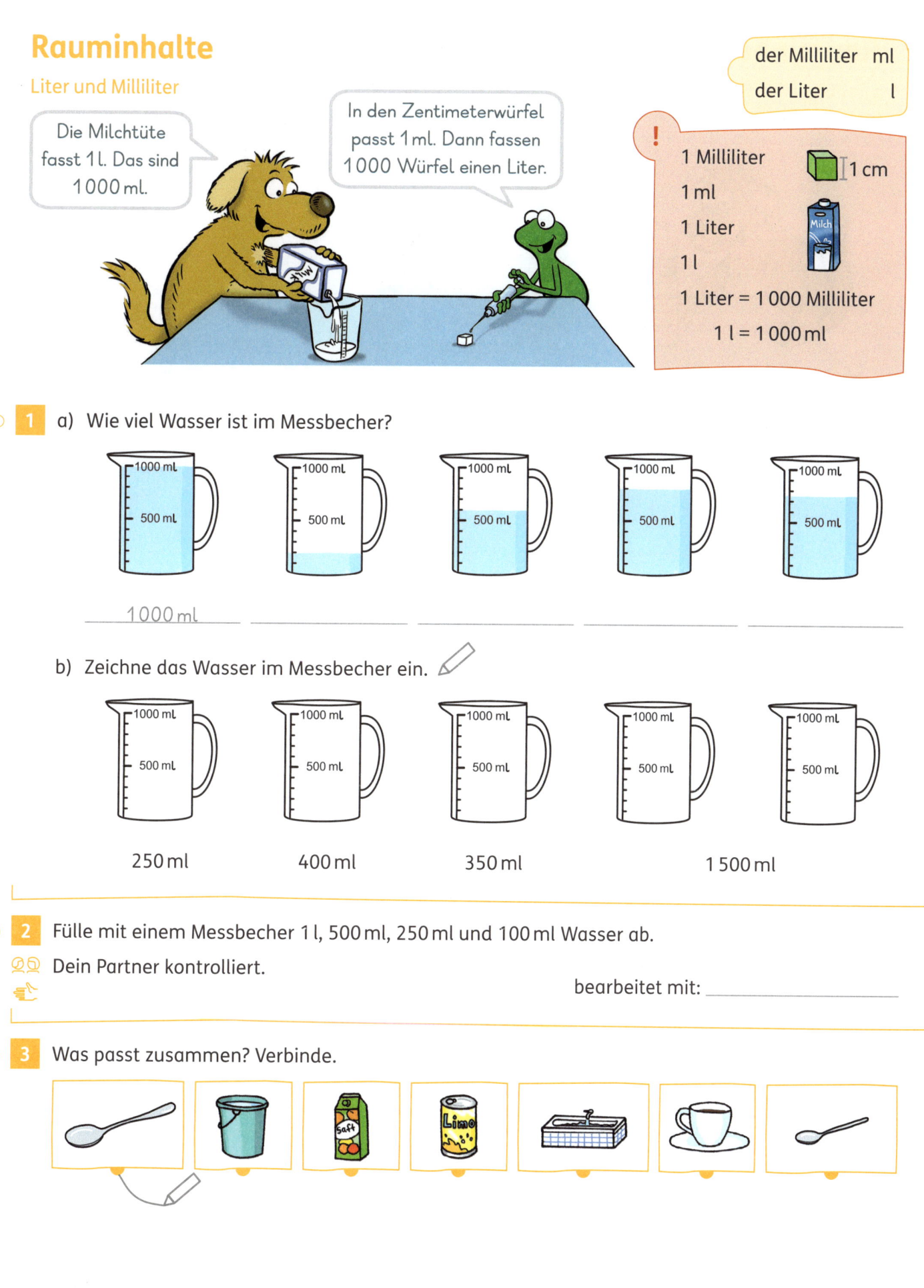 1 cm
1 ml
1 Liter
1 l
1 Liter = 1000 Milliliter
1 l = 1000 ml

1 a) Wie viel Wasser ist im Messbecher?

| 1000 ml | 1000 ml | 1000 ml | 1000 ml | 1000 ml |
| 500 ml | 500 ml | 500 ml | 500 ml | 500 ml |

_1000 ml_ _____ _____ _____ _____

b) Zeichne das Wasser im Messbecher ein.

| 1000 ml | 1000 ml | 1000 ml | 1000 ml | 1000 ml |
| 500 ml | 500 ml | 500 ml | 500 ml | 500 ml |

250 ml   400 ml   350 ml   1500 ml

2 Fülle mit einem Messbecher 1 l, 500 ml, 250 ml und 100 ml Wasser ab.

Dein Partner kontrolliert.

bearbeitet mit: _____

3 Was passt zusammen? Verbinde.

| 1 l | 12 ml | 10 l | 330 ml | 125 ml | 5 ml | 150 l |

Liter und Milliliter kennenlernen.
Rauminhalte verschiedenen Behältern zuordnen.
Stützpunktwissen aufbauen.

Eine Packung Milch fasst in der Regel einen Liter. Der Zentimeterwürfel fasst einen Milliliter.

33

Rauminhalte
Liter und Milliliter

Eine große Wasserflasche fasst 1 l 500 ml.

Das sind 1,5~~00~~ l. Die Endnullen kannst du weglassen.

1 l	100 ml	10 ml	1 ml
1	5	0	0

! Das Komma trennt Liter und Milliliter.
1 l 500 ml = 1 500 ml = 1,500 l
1,500 l = 1,5 l

---

1 Trage in die Stellenwerttafel ein. Ergänze fehlende Angaben.

	1 l	100 ml	10 ml	1 ml	
2 l 355 ml					_____
6 l 50 ml					_____
280 ml					_____
_____					0,11 l
_____					4,5 l
_____					0,55 l

2

1 l 750 ml	9 l 60 ml				
1 750 ml		450 ml		1 000 ml	
1,75 l			2,003 l		0,002 l

3

a) Schreibe in l.

2 l 500 ml = _____ l

5 l 250 ml = _____

750 ml = _____

b) Schreibe in l.

3 900 ml = _____ l

1 020 ml = _____

7 400 ml = _____

c) Schreibe in ml.

1,2 l = _____ ml

0,33 l = _____

0,25 l = _____

---

4 Liter (l) oder Milliliter (ml)?

5 Minuten Duschen verbraucht ungefähr 75 _____ Wasser.

In der Tube Senf sind 100 _____ .

In der großen Tintenpatrone sind 2 _____ Tinte.

In einem Trinkpäckchen sind 0,2 _____ Saft.

Ein kleiner Sack Blumenerde umfasst 25 _____ .

🔑 ml ml ml l l l

Nicht nur Flüssigkeiten, auch Blumenerde und Sand werden in Litern gemessen.

Kommaschreibweise bei Liter und Milliliter kennenlernen, lesen, notieren und umrechnen. Stützpunktwissen aufbauen.

Ich weiß: 1 l sind 1 000 ml. Also sind 1 l 500 ml gleich 1 500 ml oder 1,5 l.

Rauminhalte
Liter und Milliliter

$\frac{1}{8}$ l sind 125 ml.
Das sind 0,125 l.

 $\frac{3}{4}$ l sind ...?

| ein achtel Liter $\frac{1}{8}$ l | ein viertel Liter $\frac{1}{4}$ l |
| ein halber Liter $\frac{1}{2}$ l | drei viertel Liter $\frac{3}{4}$ l |

!
1 l = 1 000 ml
$\frac{1}{8}$ l = 125 ml
$\frac{1}{4}$ l = 250 ml
$\frac{1}{2}$ l = 500 ml
$\frac{3}{4}$ l = 750 ml

1 a) $\frac{1}{2}$ l = _____ ml $\frac{1}{4}$ l = _____ ml $\frac{3}{4}$ l = _____ ml $\frac{1}{8}$ l = _____ ml

$\frac{1}{2}$ l = _0,5_ l $\frac{1}{4}$ l = _____ l $\frac{3}{4}$ l = _____ l $\frac{1}{8}$ l = _____ l

b) $1\frac{1}{2}$ l = _____ ml $2\frac{1}{4}$ l = _____ $1\frac{3}{4}$ l = _____ $10\frac{1}{8}$ l = _____

_____ l

2

$1\frac{1}{8}$ l			$2\frac{3}{4}$ l		
1 125 ml		750 ml		500 ml	
1,125 l	3,5 l				2,25 l

3 <, > oder = ?

a) $\frac{1}{2}$ l ◯ 750 ml   b) 500 ml ◯ 5 l   c) $5\frac{1}{4}$ l ◯ 525 ml

1,5 l ◯ 1 999 ml $2\frac{3}{4}$ l ◯ 2 340 ml   750 ml ◯ $\frac{1}{2}$ l

125 ml ◯ $\frac{1}{8}$ l   4,125 l ◯ $4\frac{1}{8}$ l $1\frac{1}{4}$ l ◯ 2 000 ml

4 Ordne.

| 1,25 l | $1\frac{3}{4}$ l | 1 025 ml | 10 l 25 ml | $\frac{1}{4}$ l | 0,75 l |

_____ < _____ < _____ < _____ < _____ <

5

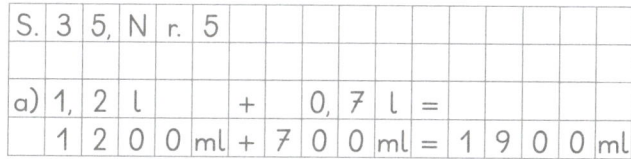

a) 1,2 l + 0,7 l   b) 30 ml + 0,4 l
1,5 l + 1,5 l   200 ml + 0,6 l
0,6 l + $\frac{1}{2}$ l   330 ml + $1\frac{1}{2}$ l

c) 700 ml + __ = 1 l   d) $\frac{1}{8}$ l + __ = 1 l   e) $\frac{1}{4}$ l + __ = 1 l   f) 0,65 l + __ = 1 l
550 ml + __ = 1 l $\frac{3}{4}$ l + __ = 1 l $\frac{1}{2}$ l + __ = 1 l   0,2 l + __ = 1 l

Alltagsbrüche bei Litern kennenlernen.
Rauminhalte vergleichen und ordnen.
Mit Liter und Milliliter rechnen.

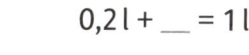 $\frac{1}{8}$ l sind 125 ml, $\frac{1}{4}$ l sind 250 ml, ... sind 500 ml und ... sind 750 ml.

35

Rauminhalte

Sachrechnen

Hier steht: Milch gehört zu den flüssigen Nahrungsmitteln, nicht zu den Getränken.

Kinder im Alter von 10–13 Jahren sollen mindestens 1200 ml pro Tag trinken, am besten Getränke ohne Zucker.

1 Einige Kinder haben einen Tag lang notiert, was sie getrunken haben.

Berechne, wie viel die Kinder an dem Tag getrunken haben, und trage ein.

	Tee	Wasser	Saftschorle	zuckerhaltige Getränke	gesamt
Till	–	200 ml, 500 ml	0,5 l, 200 ml	100 ml	
Lilly	0,2 l	$\frac{1}{2}$ l	–	–	
Ole	125 ml	–	$\frac{1}{2}$ l, 200 ml	200 ml, 0,33 l	
Luisa	$\frac{1}{4}$ l	200 ml, 125 ml	200 ml, 200 ml	–	

2 a) Erstelle eine Tabelle mit deinen Trinkmengen für 2 Tage.

```
S. 3 6, N r. 2

Tee  Wasser  Saftschorle  zuckerhaltige Getränke  gesamt
```

Tipp: Inhalt eines Glases messen. Dieses Glas den Tag über benutzen und eine Strichliste machen.

b) Erstelle dazu ein Säulendiagramm. (1 Kästchen = 100 ml)

c) Vergleicht. Wer hat genug getrunken? Wer hat zu wenig getrunken?

d) Recherchiere im Internet, warum zuckerhaltige Getränke nicht gesund sind.

3 Deliah hat morgens eine Flasche Wasser mit 1,5 l geöffnet und den ganzen Tag über immer wieder etwas daraus getrunken. Abends gießt sie den Rest aus der Flasche in einen Messbecher und liest 525 ml ab. Wie viel Wasser hat sie aus der Flasche getrunken?

Lösungsweg:

Antwort: _____

_____

Tabelle lesen und selber erstellen. Säulendiagramm erstellen. Sachaufgabe mit Liter und Milliliter lösen.
Informationsrecherche 2

Ich rechne Liter in Milliliter um.

Rauminhalte

Sachrechnen

Ich mache mir eine Saftschorle. Dafür mische ich meinen Saft mit der gleichen Menge Wasser.

Bei mir wird es gesünder: Experten empfehlen, Saft noch besser mit der doppelten Menge Wasser zu mischen.

1 Eine Schorle wird aus der doppelten Menge Wasser wie Saft gemischt. Ergänze die Tabelle.

Saft	200 ml	250 ml	125 ml	0,2 l	$\frac{1}{2}$ l	
Wasser	400 ml					2,3 l

2 Die Klasse 4c möchte eine Saftschorle mit der doppelten Menge Wasser wie Saft herstellen. Jedes der 24 Kinder soll ein Glas mit 0,2 l bekommen.

a) Wie viele Liter Schorle müssen sie herstellen?

Lösungsweg:

Antwort: _____

_____

b) Wie viele Liter Wasser und wie viele Liter Saft müssen sie besorgen?

Lösungsweg:

Antwort: _____

_____

c) Wie viele Liter Wasser und wie viele Liter Saft wird für deine Klasse benötigt, wenn jedes Kind 0,2 l Saftschorle trinken möchte?

3 a) Für das Sportfest an der Schule wird aus 15 l Apfelsaft, 4 l Traubensaft und der doppelten Menge Wasser wie Saft eine Saftschorle hergestellt.

Wie viele Liter Saftschorle ergibt das?

b) Wie viele kleine Becher mit 125 ml können gefüllt werden?

4 Ali hat 1 l Saftschorle mit der dreifachen Menge Wasser wie Saft gemixt.

Wie viele Liter Wasser und wie viele Liter Saft sind in der Saftschorle?

Rauminhalte

1

| 1 ml | 330 ml | 125 ml | 2 ml |

2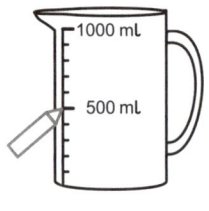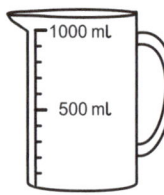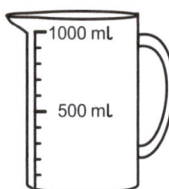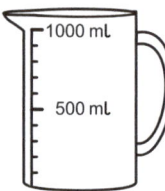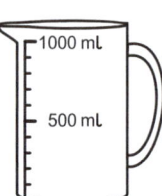

500 ml 250 ml 100 ml 1 000 ml _____

  0,5 l _____ _____ _____

3 a) Schreibe in l.

3 l 400 ml = _____ l

1 l 250 ml = _____

650 ml = _____

b) Schreibe in l.

2 080 ml = _____ l

120 ml = _____

9 300 ml = _____

c) Schreibe in ml.

0,2 l = _____ ml

1,33 l = _____

0,5 l = _____

4

2 l 677 ml	$3\frac{1}{8}$ l			1 l 60 ml	$10\frac{3}{4}$ l
		4 500 ml			
			3,003 l		

5 Max möchte Suppe kochen. Die Suppe soll für 4 Teller reichen. In jeden Teller passt $\frac{1}{4}$ l.

Wie viele Liter Suppe muss Max kochen?

6

$\frac{1}{4}$ l + ? $\frac{1}{4}$ l + 0,75 l = 1 l

Zu einem Liter ergänzen:

Eine Angabe in Litern oder Millilitern nennen. Die Angabe muss kleiner als 1 l sein.

Der Partner ergänzt zu einem Liter.

Gespielt mit: _____

Stützpunktwissen zu Rauminhalten aufbauen.
Rauminhalte umrechnen, zu einem Liter ergänzen.
Sachaufgabe lösen.

Rauminhalte

Der französische Mathematiker
Siméon Denis Poisson
(geboren 1781, gestorben 1840) hat sich sein
Leben lang mit Mathematik beschäftigt.
Von ihm stammt eine berühmte
Knobelaufgabe.

1 Du hast einen Behälter mit 8 l Wasser und 2 leere Behälter. In den einen Behälter passen 5 l und in den anderen Behälter 3 l. Du sollst das Wasser so umgießen, dass es am Ende in 2 gleich große Mengen auf 2 Behälter, also 2-mal 4 l, verteilt ist.

Tipp: Du musst das Wasser in mehreren Schritten umgießen und ein bisschen rechnen.

2 a) Du hast 2 leere Behälter. In den einen Behälter passen 9 l Wasser.
Der andere Behälter fasst 4 l Wasser.
Fülle aus einem Wasserhahn 6 l Wasser ab.

Tipp: Es ist erlaubt, Wasser in den Abfluss zu gießen und einen Behälter neu mit Wasser zu befüllen.

b) Ein Behälter fasst 3 l, der andere 5 l. Wie kannst du 4 l abmessen?

3 Recherchiere im Internet nach dem Mathematiker Poisson. Informiere dich, wo er gelebt hat und womit er sich noch beschäftigt hat.

Wahrscheinlichkeit

Welche Augensumme können die beiden Würfel erreichen?

1 a) Notiere deine Vermutung: Welche Augensumme wird am häufigsten gewürfelt?

☞ Ich vermute, dass die Augensumme ____ am häufigsten gewürfelt wird.

b) Würfelt 50-mal mit 2 verschiedenfarbigen Würfeln. Tragt eure Ergebnisse in die Tabelle ein.

Augensumme	2	3	4	5	6	7	8	9	10	11	12
Strichliste											
Anzahl											

c) Welche Augensumme habt ihr am häufigsten gewürfelt? _____

Welche Augensumme habt ihr am seltensten gewürfelt? _____

d) Schreibt für die Augensummen alle Wurfmöglichkeiten auf.

S. 4 0, N r. 1 d)			
2	3	4	...
1 + 1 = 2	1 + 2 = 3	1 + 3 = 4	
	2 + 1 = 3	...	

e) Vergleicht die Wurfmöglichkeiten mit euren Ergebnissen aus b). Was fällt euch auf?

_____

_____

2 Du spielst mit einem Partner. Ihr würfelt mit 2 Würfeln. Jeder bekommt eine eigene Gewinnregel. Welche wählst du für dich, welche für deinen Partner? Begründe.

Augensumme 3 gewinnt!	Augensumme 7 gewinnt!	Augensumme 12 gewinnt!

_____

_____

_____

Zufallsexperiment mit 2 Würfeln durchführen und auswerten.
❀ Überprüfe deine Vermutung aus a).

Die Augensumme 2 bekomme ich, wenn ich mit dem blauen Würfel eine 1 und mit dem roten Würfel eine 1 würfle.

Wahrscheinlichkeit

sicher

möglich

unmöglich

1 Kreuze alle richtigen Aussagen an.

Wenn du mit 2 Würfeln würfelst, ist die Wahrscheinlichkeit, …

… die Augensumme 7 zu würfeln, am größten. ☐

… die Augensumme 12 oder die Augensumme 4 zu würfeln, gleich groß. ☐

… die Augensumme 12 oder die Augensumme 2 zu würfeln, gleich groß. ☐

… die Augensumme 6 zu würfeln, kleiner, als die Augensumme 8 zu würfeln. ☐

… die Augensumme 5 oder die Augensumme 6 zu würfeln, gleich groß. ☐

… die Augensumme 5 zu würfeln, größer, als die Augensumme 11 zu würfeln. ☐

… die Augensumme 12 zu würfeln, größer, als die Augensumme 7 zu würfeln. ☐

☐

_____

2 Ergänze die folgenden Aussagen so, dass sie stimmen.

Es ist unmöglich, die Augensumme ____ mit 2 Würfeln zu würfeln.

Es ist möglich, die Augensumme ____ mit 2 Würfeln zu würfeln.

Es ist sicher mit 2 Würfeln, die Augensumme 5 häufiger zu würfeln als die Augensumme ____ .

Es ist unmöglich mit 2 Würfeln, die Augensumme 11 seltener zu würfeln als die

Augensumme ____ .

Am seltensten würfelt man die Augensummen ____ und ____ mit 2 Würfeln.

Es ist sicher, dass man mit 2 Würfeln Augensummen zwischen ____ und ____ würfelt.

_____

3 a) Male die Aussagen in der passenden Farbe an. ✏

| sicher |

| möglich |

| unmöglich |

Ich werfe mit 2 Würfeln
die Augensumme 6.

Ich werfe mit 2 Würfeln eine
kleinere Augensumme als 9.

Ich werfe mit 2 Würfeln eine
größere Augensumme als 13.

Ich werfe mit 2 Würfeln
mindestens die Augensumme 2.

Ich werfe mit 2 Würfeln
die Augensumme 2.

b) Notiere 3 Aussagen zu den Begriffen sicher, möglich und unmöglich beim Werfen mit

2 Würfeln. Dein Partner ordnet die Begriffe zu.

bearbeitet mit: _____

Aussagen über die Wahrscheinlichkeiten
beim Wurf mit 2 Würfeln einschätzen.

Es ist möglich …
Es ist unmöglich …
Es ist sicher …

41

Wahrscheinlichkeit

1

Max zieht Kugeln aus der Urne. Was ist sicher, möglich oder unmöglich? Kreuze an.

	sicher	möglich	unmöglich
a) Max zieht 2 Kugeln mit der gleichen Farbe.	☐	☐	☐
Max zieht 3 Kugeln mit der gleichen Farbe.	☐	☐	☐
Max zieht 4 Kugeln mit der gleichen Farbe.	☐	☐	☐
Max zieht 5 Kugeln mit der gleichen Farbe.	☐	☐	☐

	sicher	möglich	unmöglich
b) Max zieht 2 Kugeln mit verschiedenen Farben.	☐	☐	☐
Max zieht 3 Kugeln mit 3 verschiedenen Farben.	☐	☐	☐
Max zieht 4 Kugeln mit 4 verschiedenen Farben.	☐	☐	☐
Max zieht 5 Kugeln mit 3 verschiedenen Farben.	☐	☐	☐

2 Mini zieht aus der Urne oben 2 Kugeln. Male die Aussagen in der passenden Farbe an.

sicher	Eine Kugel ist gelb.	Mindestens eine Kugel ist grün.
möglich	Beide Kugeln sind rot.	Eine Kugel ist rot, grün oder blau.
unmöglich	Beide Kugeln sind blau.	Beide Kugeln haben verschiedene Farben.

3 Male die Kugeln in den Urnen grün und blau an, sodass die Aussagen stimmen.

a) Es ist möglich, 3 Kugeln mit der gleichen Farbe zu ziehen.

b) Es ist unmöglich, 2 blaue Kugeln zu ziehen.

Am Urnenmodell einfache Aussagen zur Wahrscheinlichkeit treffen.

Diese Aussage ist unmöglich, weil ...

Wahrscheinlichkeit

1

a) Du ziehst eine Kugel. Womit rechnest du? Kreuze an.

Du ziehst eine rote Kugel. ☐   Du ziehst eine blaue Kugel. ☐

Begründung: _____

_____

b) Du ziehst 2 Kugeln ohne Zurücklegen. Womit rechnest du? Kreuze an.

Du ziehst 2 rote Kugeln. ☐   Du ziehst 2 blaue Kugeln. ☐

Begründung: _____

_____

c) Wie oft musst du eine Kugel ohne Zurücklegen ziehen, um sicher eine blaue Kugel zu

ziehen? ____ mal

Begründung: _____

_____

d) Wie oft musst du eine Kugel ohne Zurücklegen ziehen, um sicher eine rote Kugel zu

ziehen? ____ mal

Begründung: _____

_____

2 Welche Urne hat die bessere Gewinnchance? Kreuze an.

a) Grün gewinnt!

☐   ☐

b) Blau gewinnt!

☐   ☐

c) Rot gewinnt!

☐   ☐

d) Grün gewinnt!

☐   ☐

Aussagen zu einem Urnenmodell treffen.
Gewinnchancen vergleichen.

Ich vergleiche die Anzahl der ... Kugeln
und der ... Kugeln in einer Urne. Eine ...
Kugel wird häufiger gezogen.

43

Schriftlich rechnen mit Kommazahlen

1 Wie viel Euro zahlt Max? Überschlage zuerst.

a) Max kauft 4 T-Shirts.

Ü: <u>13 € · 4 = 52 €</u>

Lösungsweg:		1	2	,	9	5	€	·	4	
				5	1	,	8	0	€	

Antwort: _____

_____

b) Max kauft 3 Kappen.

Ü: _____

Lösungsweg:										

Antwort: _____

_____

c) Mini kauft 5 Lineale.

d) Mini kauft 6 Bleistifte.

2 Wie viel Euro müssen die Familien bezahlen? Rechne. Ergänze die Tabelle.

Name	Artikel	Einzelpreis	Anzahl der bestellten Artikel	Gesamtpreis
Wagner	Kappe		2	
Stecklina	Aufkleber		5	
Muskallio	Lineal		4	
Helmberger	Bleistift		7	

🔑 0,98 € 1,25 € 2,45 € 6,25 € 6,86 € 9,80 € 9,90 € 11,80 € 19,80 €

3 Überschlage. Multipliziere dann schriftlich.

S.	4	4	,	N	r.	3	
a)	Ü:	4	€	·	5	=	2	0	€
	3	,	9	5	€	·	5	
			1	9	,	7	5	€

a) 3,95 € · 5

6,66 € · 4

4,25 € · 6

2,55 € · 7

b) 7,77 € · 2

9,99 € · 3

6,30 € · 6

5,08 € · 4

c) 0,18 € · 3

0,82 € · 8

0,98 € · 9

0,07 € · 6

🔑 0,42 € 0,54 € 2,23 € 6,56 € 8,82 € 15,54 € 17,85 € 19,75 € 20,32 € 25,50 € 26,64 € 29,97 € 37,80 €

Schriftliche Multiplikation mit Kommazahlen (€, ct) kennenlernen und üben.
✿ Wie berechnest du den Gesamtpreis?

Ich multipliziere schriftlich. Ich zähle im Ergebnis 2 Stellen von rechts nach links und setze ein Komma.

Schriftlich rechnen mit Kommazahlen

Du musst 6,16 € bezahlen. Hast du so viel Geld dabei?

4 · 1,50 € = 6 €

1,5 4 € · 4
6,1 6 €

1,54 €

1 Reicht das Geld? Überschlage. Rechne dann genau.

S.	4	5,	N	r.	1		
a)	Ü:	4	€	·	5	=	2 0 €
		3,	9	8	€	·	5
			1	9,	9	0	€
A:	Das	Geld	reicht.				

a) 3,98 € · 5
    3,19 € · 3
    10,49 € · 4

b) 1,22 € · 4
    6,01 € · 6
    29,98 € · 3

Bei einigen Aufgaben kann ich geschickt rechnen: 1 € · 4 = 4 €
4 € − 0,04 € = 3,96 €

🔑 4,88 €   9,57 €   ~~19,90 €~~   36,06 €   41,96 €   51,96 €   89,94 €

2 a) 0,99 € · 4 = _____3,96 €_____   b) 4,01 € · 5 = _____   c) 10,99 € · 5 = _____

   1,98 € · 6 = _____   7,02 € · 2 = _____   24,91 € · 3 = _____

   2,99 € · 3 = _____   6,34 € · 8 = _____   0,49 € · 6 = _____

🔑 2,94 €   ~~3,96 €~~   4,54 €   8,97 €   11,88 €   14,04 €   20,05 €   50,72 €   54,95 €   74,73 €

3 Finde die Fehler. Markiere sie. Berichtige. Verbinde mit der passenden Wortkarte.

Ü: _____

2,	9	8	€	·	4
			8,	6	2 €

2,	9	8	€	·	4
		1	1,	9	2 €

Ü: _____

0,	9	9	€	·	6
			5,	9	6 €

Ü: _____

1,	8	9	€	·	5
			9	4,	5 €

Übertrag falsch!

Komma falsch gesetzt!

Falsch multipliziert!

Ü: _____

1,	0	8	€	·	9
			1,	6	2 €

Ü: _____

1	2,	5	0	€	·	3
			3,	7	5	€

Ü: _____

0,	0	7	€	·	4
			0,	0	8 €

Geldbeträge überschlagen.
Fehler bei der schriftlichen Multiplikation erkennen und berichtigen.

Ich überschlage: 4 € · 5 = 20 €.
Ich erkenne, dass mein Geld reicht.

45

Schriftlich rechnen mit Kommazahlen

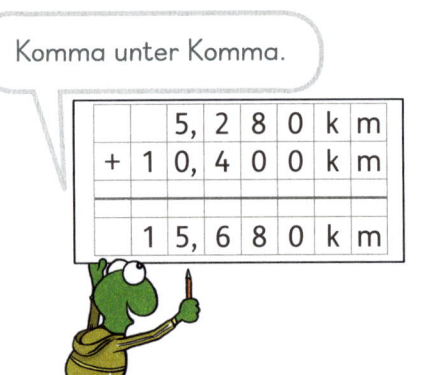

Komma unter Komma.

	5,	2	8	0	k	m
+ 1	0,	4	0	0	k	m
1	5,	6	8	0	k	m

Ich möchte am Jedermannlauf und am Stadtlauf teilnehmen.

Jedermannlauf	5,28 km
Waldlauf	7,95 km
Stadtlauf	10,4 km
Querfeldeinlauf	12,3 km
Halbmarathon	21,098 km
Marathon	42,195 km

1 Wie viele Kilometer laufen die Kinder? Überschlage zuerst.

a) Tina und Paul nehmen am Wald- und am Querfeldeinlauf teil.

Ü: 8 km + 12 km = 20 km

Lösungsweg:

	7,	9	5	0	k	m
+ 1	2,	3	0	0	k	m
		1	1			
2	0,	2	5	0	k	m

Antwort: _____

b) Leo und Sophie nehmen am Querfeldeinlauf und am Halbmarathon teil.

Ü: _____

Lösungsweg:

Antwort: _____

c) Josi nimmt am Stadt- und am Jedermannlauf teil.

d) Tim nimmt am Waldlauf und am Marathon teil.

2 Rechne schriftlich. Kontrolliere mit einem Überschlag.

a) 4,781 km + 3,023 km   5,7 km + 5,226 km   13,27 km − 7,1 km   20,35 km − 2 km

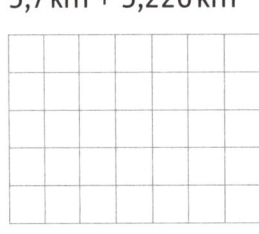

	4,	7	8	1	k	m
+ 3,	0	2	3		k	m
		1				
	7,	8	0	4	k	m

Ü: _____

Ü: _____

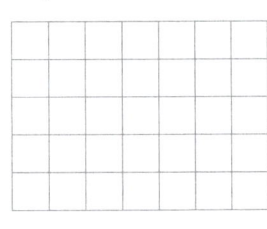

Ü: _____

Ü: _____

 6,17 km   ~~7,804 km~~   8,35 km   10,926 km   18,35 km

b) 41,578 km + 2 699 m   8,502 km − $\frac{1}{2}$ km   4,821 km + 3 008 m

4,6 km − 300 m   3 421 m + 2,4 km $6\frac{1}{2}$ km − 40 m

3,05 km + 890 m   10,7 km − 750 m   9,75 km + 650 m

Ich rechne immer in der gleichen Einheit.

 3,94 km   4,3 km   5,821 km   6,46 km   7,829 km   8,002 km   9,95 km   10,4 km   295,677 km   44,277 km

Mit Kommazahlen (Meter, Kilometer) schriftlich addieren und subtrahieren.

Wenn ich Angaben in unterschiedlichen Einheiten addiere, dann rechne ich zuerst in eine der beiden Einheiten um.

Schriftlich rechnen mit Kommazahlen

1 Wie viel Euro bezahlt Max? Überschlage zuerst.

a) Max kauft 5 Bleistifte für je 0,88 €.

Ü: _____

Lösungsweg:

Antwort: _____

b) Max kauft 6 Aufkleber für je 1,14 €.

Ü: _____

Lösungsweg:

Antwort: _____

---

2 Reicht das Geld? Überschlage. Rechne dann genau.

a) 2,97 € · 6
   1,55 € · 4
   3,98 € · 7

b) 5,33 € · 5
   4,05 € · 7
   9,03 € · 2

c) 0,08 € · 3
   98,90 € · 2
   0,02 € · 8

🔑 0,16 €   0,24 €   6,20 €   17,82 €   18,06 €   26,65 €   27,86 €   28,35 €   197,80 €   198,70 €

---

3 a) 0,98 € · 4 = _____
   3,99 € · 5 = _____
   8,98 € · 2 = _____

b) 9,49 € · 3 = _____
   5,01 € · 8 = _____
   2,61 € · 7 = _____

c) 11,95 € · 5 = _____
   30,99 € · 2 = _____
   0,09 € · 6 = _____

🔑 0,54 €   1,04 €   3,92 €   17,96 €   18,27 €   19,95 €   28,47 €   40,08 €   59,75 €   61,98 €

---

4 Rechne schriftlich.

a) 6,8 km + 1 912 m
   201 m + 9,889 km

b) 57 123 m + 8,921 km
   3,2 km + 76 m

c) 9,845 km – 2 091 m
   67 901 m – 3,45 km

🔑 3,276 km   7,754 km   8,712 km   10,090 km   64,451 km   66,044 km   87,12 km

---

5 Wie viele Kilometer laufen die Kinder?

Überschlage zuerst. Notiere deinen Lösungsweg und die Antwort.

a) Martin und Sophie laufen am Montag 4,8 km und am Freitag 7,5 km.

b) Finja und Jonas laufen 3-mal in der Woche 5,4 km.

6

4 Stück.

Preis berechnen:

Einen Artikel mit Preis im Prospekt zeigen. Sagen, wie oft der Artikel gekauft wird. Der Partner berechnet den Gesamtpreis.

Gespielt mit: _____

Mit Kommazahlen schriftlich multiplizieren, addieren und subtrahieren.

Bruchteile

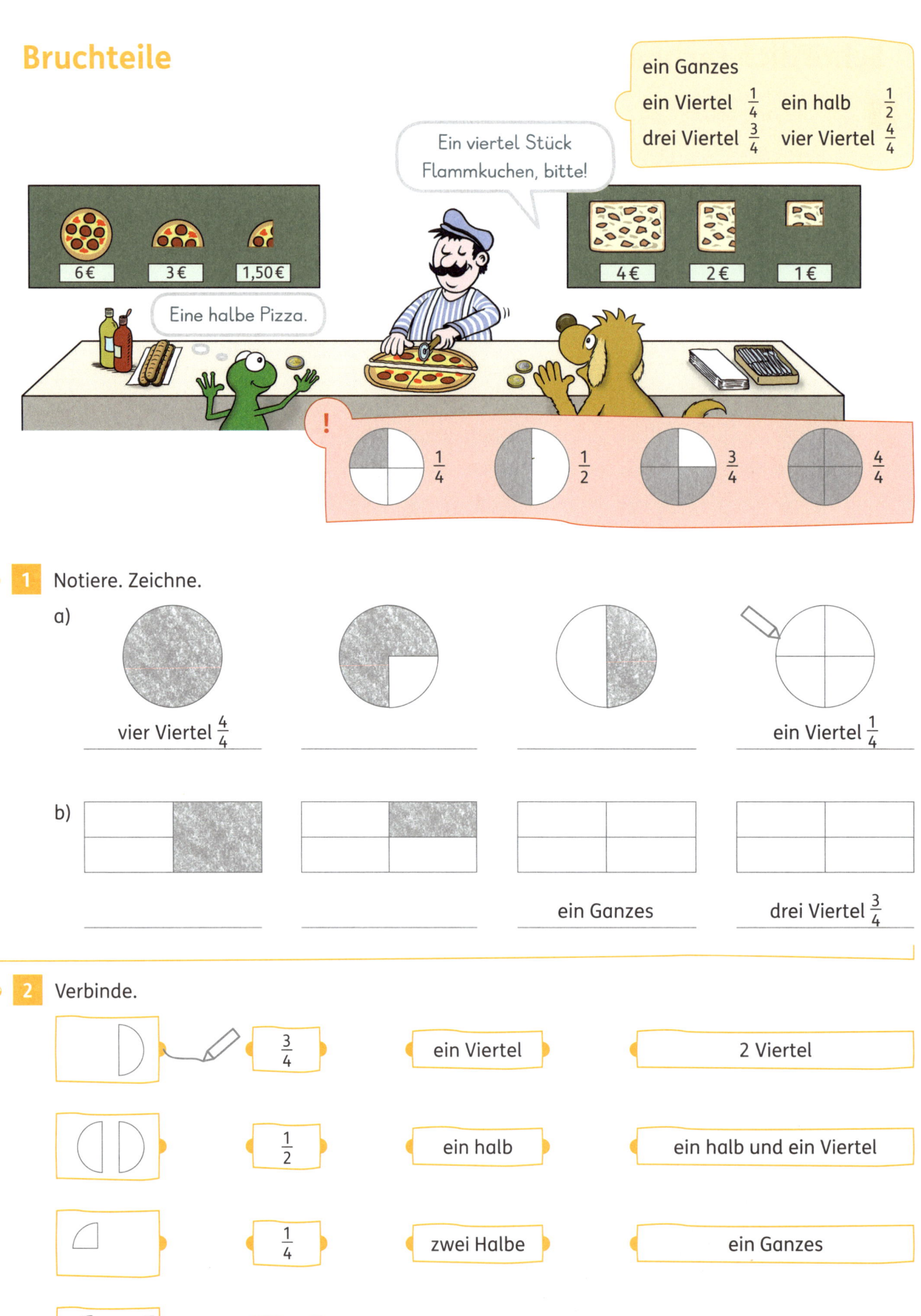

ein Ganzes
ein Viertel $\frac{1}{4}$ ein halb $\frac{1}{2}$
drei Viertel $\frac{3}{4}$ vier Viertel $\frac{4}{4}$

Ein viertel Stück Flammkuchen, bitte!

6 €   3 €   1,50 €

4 €   2 €   1 €

Eine halbe Pizza.

$\frac{1}{4}$ $\frac{1}{2}$ $\frac{3}{4}$ $\frac{4}{4}$

1 Notiere. Zeichne.

a)

vier Viertel $\frac{4}{4}$ _____ _____ ein Viertel $\frac{1}{4}$

b)

_____ _____ ein Ganzes drei Viertel $\frac{3}{4}$

2 Verbinde.

$\frac{3}{4}$ ein Viertel   2 Viertel

$\frac{1}{2}$ ein halb   ein halb und ein Viertel

$\frac{1}{4}$ zwei Halbe   ein Ganzes

$\frac{2}{2}$ drei Viertel   ein halb minus ein Viertel

Bruchteile und Teil-Ganzes-Beziehungen verstehen.
Bruchteile in verschiedenen Zerlegungen erkennen
und benennen.

Ich teile das Ganze in 2 gleich große Teile.
Ich teile das Ganze in 4 gleich große Teile.

Bruchteile

1 Wie viel Euro kostet es? Schau auf Seite 48 nach.

a)

3 € + 1,50 € = _____

_____

b)

_____

_____

c)

_____

_____

d)

_____

e)

_____

f)

_____

g)

_____

_____

h)

_____

_____

i)

_____

_____

2

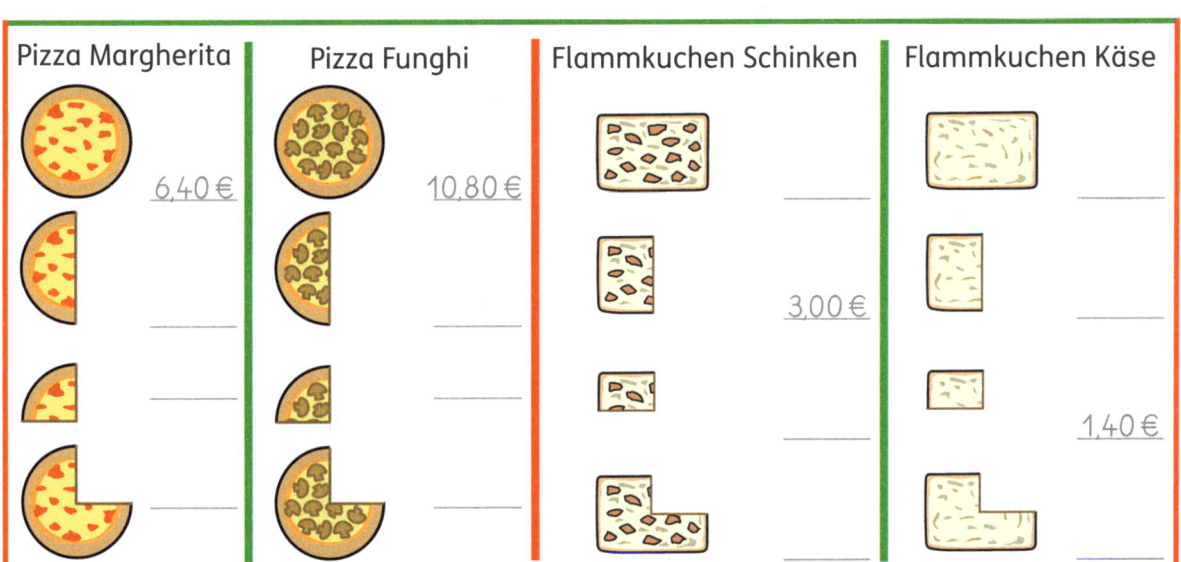

Pizza Margherita	Pizza Funghi	Flammkuchen Schinken	Flammkuchen Käse
6,40 €	10,80 €		
_____	_____	3,00 €	
_____	_____		1,40 €
_____	_____	_____	_____

3 Wie viel Euro kostet es insgesamt?

a) Edgar lädt Sandra zu einer Pizza Margherita und einem Flammkuchen Käse ein.

b) Freddy bestellt für sich und seine 3 Freunde je eine Pizza Funghi.

c) Ella und Ole bestellen sich zusammen eine Pizza Funghi und ein Viertel Flammkuchen Schinken.

d) Vater bestellt sich eine ganze Pizza Funghi, Mutter nimmt eine halbe Pizza Margherita, Meri und Wolfi möchten beide je ein Viertel Flammkuchen Käse haben.

e) Grit und Mone teilen sich eine Pizza Margherita und einen Flammkuchen Schinken.

f) Jörg bestellt eine halbe Pizza Funghi. Ralf bestellt die Hälfte davon.

Teil-Ganzes-Beziehungen anwenden. Preise berechnen.
❀ Wie kannst du den Preis einer $\frac{3}{4}$ Pizza berechnen?

Eine ganze Pizza kostet 6,40 €.
Eine halbe Pizza kostet die Hälfte, also
3,20 €.

49

Bruchteile

1 Ergänze die Preistafeln.

ganze Pizza	7,20 €
halbe Pizza	€
drittel Pizza	€

ganzer Flammkuchen	5,70 €
halber Flammkuchen	€
drittel Flammkuchen	€

2 Wie viel Euro kostet es?

a)

7,20 € + _____ € = _____ €

_____ € + _____ € = _____ €

_____

b)

_____ € + _____ € = _____ €

_____ € + _____ € = _____ €

_____

c)

_____ € + _____ € = _____ €

_____ € + _____ € = _____ €

_____

3 Wie viel Euro kostet es?

a) Pauline möchte $\frac{1}{4}$ Pizza, Charlotte $\frac{1}{2}$ und Nikolas eine $\frac{3}{4}$ Pizza.

b) Micha und Maike kaufen 4 halbe Flammkuchen und $1\frac{1}{4}$ Pizza.

c) Emre bestellt 2 Drittel Pizza und $2\frac{1}{2}$ Flammkuchen.

d) Familie Schumacher hat für 4 Personen 3 Pizzen bestellt. Wie viel bekommt jeder?

4 Was könnten die Kinder bestellt haben?

a) Kristina lädt Norman ein. Für die beiden Artikel bezahlt sie 4,30 €.

b) Später kauft Kristina noch 2 Portionen für Norman und sich. Sie muss 6,45 € bezahlen.

c) Sonja bezahlt 8,40 €. Sie hat 3 Portionen bestellt.

d) Folkert muss für 4 Portionen insgesamt 10,75 € bezahlen.

Verschiedene Bruchteile erkennen.
Preise berechnen und ergänzen.

Sachrechnen

Projekt: Die Ureinwohner Nordamerikas

Angebot 1: Museum

Führung durchs Museum mit Gegenständen, Arbeitstechniken, Jagdmethoden der nordamerikanischen Ureinwohner und zum Abschluss Feuerschlagen im Hof

Entfernung:	75 km
Abfahrt:	8.30 Uhr
Ankunft:	9.25 Uhr
Rückfahrt:	13.30 Uhr

Preise:
Kinder	6 €
Erwachsene	9 €

Angebot 2: Nachbau eines Dorfes

Einen Tag in einem echten Tipi der nordamerikanischen Ureinwohner verbringen – aus Glasperlen und Federn Schmuck herstellen und Bogenschießen

Entfernung:	225 km
Abfahrt:	8.15 Uhr
Ankunft:	10.20 Uhr
Rückfahrt:	15.30 Uhr

Preise:
Kinder	12 €
Erwachsene	5 €
als Begleitperson	

1 a) Wie viel Euro kostet der Ausflug für deine Klasse mit Angebot 1 und mit Angebot 2?

Lösungsweg:

Antwort: _____

b) Berechne die jeweilige Fahrzeit für die Hinfahrt bei Angebot 1 und bei Angebot 2.

c) Berechne die Dauer des Aufenthalts bei beiden Angeboten.

d) Berechne die Ankunftszeit nach der Rückfahrt für jedes Angebot.

2 Welches Angebot würdest du aufgrund der Fahrzeit, der Aufenthaltsdauer, des Preises und des Programms wählen? Begründe.

_____

_____

3 a) Eine Klasse mit 21 Kindern und 2 Begleitpersonen fährt zum Nachbau eines Dorfes.

Eine Klasse mit 28 Kindern und 4 Begleitpersonen fährt ins Museum.

Welche Klasse bezahlt mehr?

b) Wie viele Kinder und Erwachsene können für einen Preis von 132 € ins Museum gehen?

c) Wie viele Kinder und Erwachsene können für einen Preis von 320 € ins Dorf fahren?

Fächerübergreifende Projektarbeit mit Berechnung der Zeitspannen und Preise durchführen.
❀ Warum hast du dich für dieses Angebot entschieden?

Ich würde das Angebot 1 wählen, weil ... Das Angebot 2 gefällt mir besser, denn ...

51

Sachrechnen

Projekt: Die Ureinwohner Nordamerikas

Das Tipi war die Wohnstätte der Ureinwohner der Prärie. Die Zelte konnten schnell auf- und wieder abgebaut werden. Das erledigten häufig die Frauen. Sie brauchten für ein 5 m hohes Tipi nur eine Stunde. Es bestand aus einem Stangengerüst von ungefähr 20 Stangen und einem Überzug aus Bisonhäuten.

Das Tipi war stets nach Osten ausgerichtet. Außerdem war es nicht ganz symmetrisch aufgestellt. Die steilere Vorderseite stabilisierte das Gerüst gegen den starken Westwind.

1 Recherchiere im Internet nach Begriffen wie Prärie und anderen dir unbekannten Wörtern.

2 Zeichne die Skizzen zur Bauanleitung eines einfachen Tipis.

Bauanleitung eines Tipis

Material:

- 6 ungefähr gleich lange Stangen
- 2 kurze Seile
- Wäscheklammern
- einige Decken

Anleitung:

1. Stelle 3 Stangen so auf, dass sie eine Art Pyramide bilden. Binde sie oben mit einem Seil zusammen.

2.

Nun lehne die anderen 3 Stangen an und binde alle 6 Stangen mit dem zweiten Seil zusammen.

3. Dann beginnst du oben und hängst die Decken vorsichtig über die Stangen. Mit den Wäscheklammern verbindest du die Decken miteinander.

3 Baue ein Tipi im Maßstab 1 : 100 nach. Dazu brauchst du eine Styroporplatte, mehrere Holzstäbe, Holzzahnstocher und ein Stück Baumwollstoff.

Informationen einer Bauanleitung entnehmen.
Skizzen nach Vorgabe zeichnen.
MK Informationsrecherche 1

Ich stelle mir jeden Schritt einzeln vor.
Ich zeichne, was ich lese.

Sachrechnen

Projekt: Die Ureinwohner Nordamerikas

Verschiedene Stämme der Ureinwohner Nordamerikas unterschieden sich durch die Kleidung, die sie trugen. Die bekannteste Tracht ist die Kleidung der Einwohner der Prärie. Männer trugen im Sommer einen Lendenschurz und Mokkasins. Im Winter trugen sie ein Lederhemd und Beinlinge, die die Beine vom Knöchel bis zum Schenkel umschlossen. Frauen trugen ein Lederkleid und ebenfalls Mokkasins. Ein besonderes Kennzeichen war ihr Kopfschmuck. Sie sammelten Federn von Vögeln, insbesondere des Steinadlers. Mit den Federn dieser mächtigen Tiere wollten sie ihre Tapferkeit demonstrieren.

1 Recherchiere im Internet nach den Begriffen Tracht, Lendenschurz, Mokkasins und anderen dir unbekannten Wörtern.

2 Bastle dir dein eigenes Stirnband.

Bastelanleitung Stirnband

Material:
- ein Tonkartonstreifen (4 cm breit)
- Federn zum Schmücken
- Kleber und Tacker
- Stifte zum Malen eines Musters

Anleitung:
Um die Länge des Streifens zu ermitteln, musst du zunächst deinen Kopfumfang messen. Dazu nimmst du einen Faden. Die abgemessene Länge überträgst du auf den Tonkartonstreifen und schneidest ihn zu.

Informiere dich in Büchern oder im Internet über Muster, die die Ureinwohner Nordamerikas benutzten. Zeichne ein solches Muster auf den Streifen. Schmücke dein Stirnband mit Federn.

3 a) Berechne, wie viel Tonkarton ihr braucht, wenn die ganze Klasse ein Stirnband bei 50 cm Kopfumfang basteln möchte. Wie lang und wie breit müsste der Karton sein?

b) Erkundige dich, wie lang und breit ein Bogen Tonkarton ist. Wie viele Bögen Tonkarton brauchst du?

4 Für die Herstellung von Kleidern und Hemden, wie bei den Ureinwohnern, braucht ihr pro Person 1,50 m Leinenstoff. Im Internet findet ihr folgendes Angebot:

 1. 10 m für 13,69 €    2. 20 m für 25,98 €    3. 100 m für 124,90 €

a) Wie viel Stoff braucht ihr für eure Klasse?

b) Welches Angebot ist für eure Klasse am preiswertesten?

c) Wie viel Euro kostet der Stoff für die gesamte Klasse?

Bastelanleitung umsetzen.
Längen und Preise berechnen. Angebote überprüfen.
Informationsrecherche 1 | 2

Ich muss herausfinden, wie lang und breit ein Bogen Tonkarton ist.

53

Sachrechnen

> In Amerika gab es weit über 200 verschiedene Ureinwohnerstämme und über 100 verschiedene Sprachen der Ureinwohner. Damit diese sich untereinander verständigen konnten, haben sie eine Zeichensprache erfunden. Sie hat viel Ähnlichkeit mit unserer heutigen Gebärdensprache.

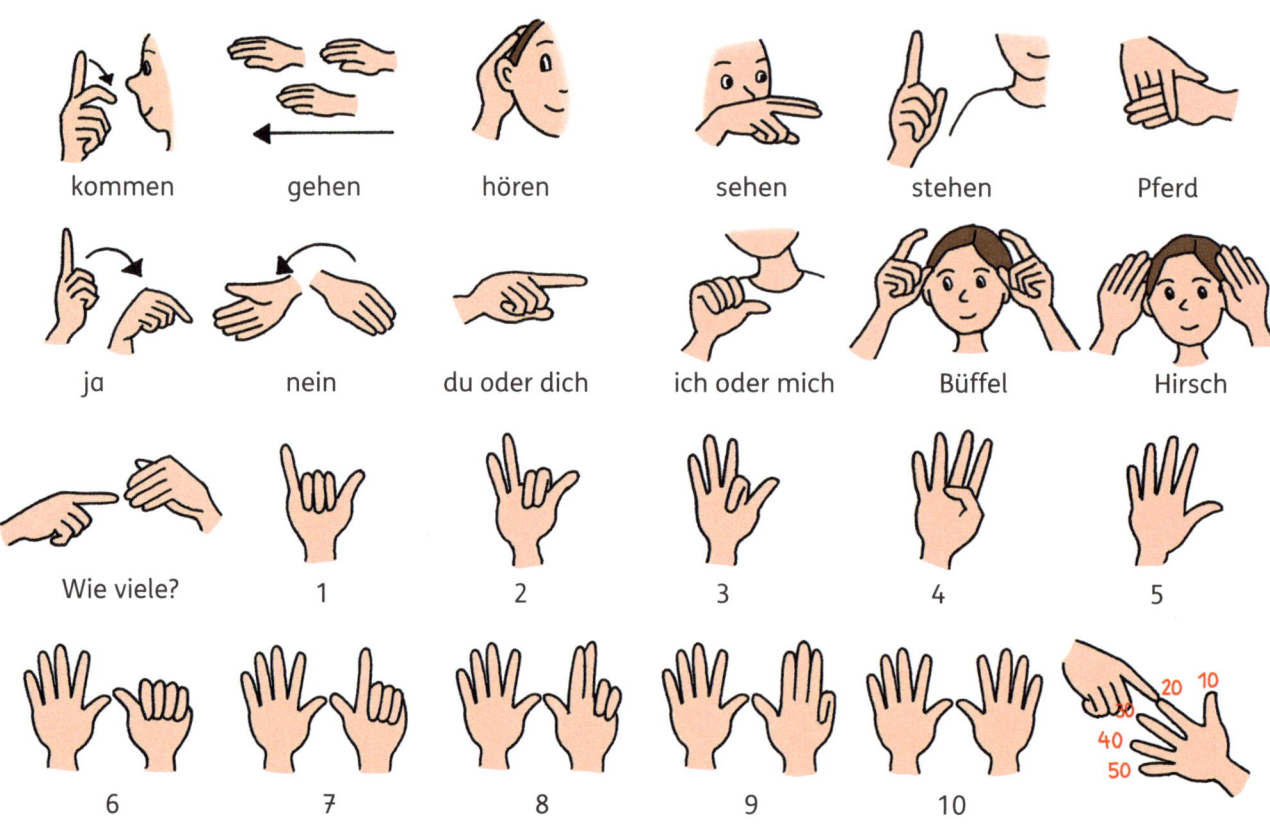

| kommen | gehen | hören | sehen | stehen | Pferd |

| ja | nein | du oder dich | ich oder mich | Büffel | Hirsch |

| Wie viele? | 1 | 2 | 3 | 4 | 5 |

| 6 | 7 | 8 | 9 | 10 | |

1 Versuche, die Zeichensprache zu deuten und notiere die Sätze.

a)

_____

b)

_____

c)

_____

2 a) Sage deinem Partner folgende Sätze in der Zeichensprache der Ureinwohner:

Wie viele Büffel kommen? 30 Büffel kommen.

Siehst du einen Hirsch? Ja, ich sehe einen Hirsch.

b) Sage deinem Partner einen eigenen Satz in der Zeichensprache.

Sachrechnen

Projekt: Die Ureinwohner Nordamerikas

> **Die Ureinwohner Nordamerikas damals und heute**
> 1492 entdeckte Kolumbus Amerika. Damals lebten etwa 30 Millionen Ureinwohner in Nordamerika. Mit der Entdeckung kamen viele Einwanderer. Um 1630 entstand zwischen den europäischen Einwanderern und den Ureinwohnern reger Handel. Die Europäer gaben im Tausch gegen Lebensmittel den Ureinwohnern Gewehre und Pferde. Außerdem wollten sie ihnen Land abkaufen. Das wollten die Ureinwohner nicht. Es kam zum Teil zu erbitterten Kämpfen. Nur etwa 250 000 Ureinwohner überlebten. Die Europäer vertrieben sie aus ihren Heimatgebieten in karge Gegenden. 1850 waren die Ureinwohner schon fast ganz aus dem östlichen Nordamerika verschwunden. 20 Jahre zuvor war ein Gesetz erlassen worden, das festlegte, dass die Ureinwohner in Reservaten leben müssen. In den Reservaten war der Boden meist unfruchtbar. Diese Reservate existieren noch heute. Das Navajo-Reservat ist das größte Reservat, das noch existiert. Dort leben etwa 175 000 Menschen. Heute leben etwa 2,5 Millionen Ureinwohner in Nordamerika, die wenigsten leben heute noch in einem Reservat.

1 Markiere im Text alle Angaben zu den Jahreszahlen und ergänze die Textkarten.

> _____ : Handel zwischen Europäern und den Ureinwohnern

> _____ : Kolumbus entdeckt Amerika

> _____ : Gesetz zum Leben in Reservaten erlassen

> _____ : kaum noch Ureinwohner im östlichen Nordamerika

> _____ : 2,5 Millionen Ureinwohner leben in Nordamerika

2 Vervollständige die Zeitleiste mit den Jahreszahlen und berechne die Zeitspannen zwischen den Ereignissen.

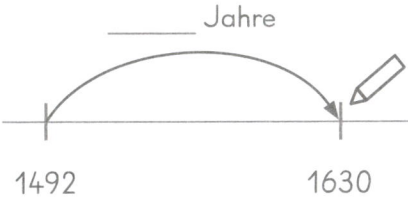

_____ Jahre

1492
Kolumbus entdeckt
Amerika

1630

3 Heute setzen sich die Ureinwohner dafür ein, dass sie ihr Land wiederbekommen. Nenne dafür Gründe.

4 a) Informiere dich in Büchern oder im Internet über die Vertreibung der Ureinwohner und finde heraus, wie sie heute leben.

b) Recherchiere im Internet oder in Büchern nach den verschiedenen Stämmen der Ureinwohner Nordamerikas. Erstelle zu einem Stamm ein Infoplakat.

Informationen in einem Text markieren.
Informationen entnehmen und an einer Zeitleiste darstellen.
Informationsrecherche 4

Ich lese den Satz zu meiner markierten Jahreszahl.

55

Unsere Fachsprache

Rauminhalte

der Milliliter

der Liter

1 ml   1 l

| 1 Liter = 1 000 Milliliter |
| 1 l = 1 000 ml |

1 l 500 ml = 1 500 ml = 1,5 l

die Kommaschreibweise

$\frac{1}{8}$ l = 125 ml $\frac{1}{2}$ l = 500 ml

$\frac{1}{4}$ l = 250 ml $\frac{3}{4}$ l = 750 ml

Gewichte

das Gramm   das Kilogramm   die Tonne

1 g   1 kg   1 t

| 1 kg = 1 000 g | | 1 t = 1 000 kg |

3 kg 70 g = 3 070 g = 3,07 kg

5 t 200 kg = 5 200 kg = 5,2 t

die Kommaschreibweise

Längen

der Millimeter   der Zentimeter   der Meter   der Kilometer

1 mm   1 cm   1 m   1 km

| 1 cm = 10 mm | | 1 m = 100 cm | | 1 km = 1 000 m |

4 cm 5 mm = 45 mm = 4,5 cm

2 km 300 m = 2 300 m = 2,3 km

die Kommaschreibweise

Zeit

die Sekunde   die Minute   die Stunde

1 s   1 min   1 h

| 1 min = 60 s | | 1 h = 60 min |

Zeitspannen

Abfahrt ——— Fahrzeit ———→ Ankunft
         6 h 1 min

03:17   09:18

Schriftlich rechnen mit Kommazahlen

Multiplikation

1,	5	4	€	·	4
		6,	1	6	€

Addition

	1	3,	6	7	k	m
+		2,	0	2	k	m
	1	5,	6	9	k	m

Subtraktion

	1	5,	4	8	k	m
−		4,	1	6	k	m
	1	1,	3	2	k	m

Bruchteile

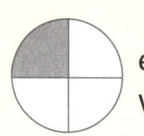 ein Viertel $\frac{1}{4}$

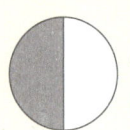 ein halb $\frac{1}{2}$

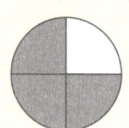 drei Viertel $\frac{3}{4}$

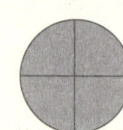 vier Viertel $\frac{4}{4}$